東北水田農業の
新たな展開

秋田県の水田農業と集落営農

椿 真一 著

筑波書房

目　次

序章　米単作から複合産地化をめざす東北水田農業 ……………… 1
1. 稲作単作高位生産力地帯の形成 ……………………………… 1
2. 米価下落のもとでの東北地域の農業構造 …………………… 5
   （1）米価下落と生産調整の強化 ……………………………… 5
   （2）農業依存度の高い兼業農家 ……………………………… 9
   （3）品目横断的経営安定対策の登場 ………………………… 12
3. 米単作から経営複合化へ ……………………………………… 15
4. 本書の課題と構成 ……………………………………………… 17

第Ⅰ部　品目横断的経営安定対策と集落営農組織 ……………… 23

第1章　秋田県における集落営農組織の展開 …………………… 25
1. 秋田県による集落営農の組織化への支援 …………………… 25
2. JAグループによる集落営農の組織化への支援 ……………… 27
3. 品目横断的経営安定対策で集落営農組織が大きく増えた秋田県 … 28

第2章　秋田県北部地域（鹿角市・大館市・八峰町）の集落営農組織（非法人） …………………………………………… 33
1. 鹿角市における集落営農の展開 ……………………………… 33
   （1）N集落の概要 ……………………………………………… 33
   （2）NHファーム ……………………………………………… 34
2. 大館市における集落営農の展開 ……………………………… 42
   （1）NK集落の特徴 …………………………………………… 42
   （2）NK営農組合の設立の経緯 ……………………………… 43
   （3）NK営農組合の事業内容 ………………………………… 43

（4）構成員の特徴 ……………………………………………… *45*
　　　（5）NK営農組合の課題 ………………………………………… *47*
　3．八峰町における集落営農の展開 …………………………………… *48*
　　　（1）MSファームの設立 ………………………………………… *48*
　　　（2）構成員の特徴 ……………………………………………… *49*
　　　（3）課題 ………………………………………………………… *52*

第3章　秋田県中央・沿岸地域（潟上市・由利本荘市）における集落営農組織（非法人） ……*53*

　1．潟上市の集落営農 …………………………………………………… *53*
　　　（1）NY集落の特徴 ……………………………………………… *53*
　　　（2）NY営農組合の設立経緯 …………………………………… *54*
　　　（3）NY営農組合の活動内容 …………………………………… *55*
　　　（4）NY集落の農家の存在形態 ………………………………… *56*
　　　（5）NY営農組合の課題 ………………………………………… *62*
　2．由利本荘市の集落営農 ……………………………………………… *64*
　　　（1）K集落の概要 ………………………………………………… *64*
　　　（2）K集落における経営安定対策対応の集落営農組織 ……… *65*
　　　（3）K集落の個別農家の現状 …………………………………… *65*
　　　（4）K集落の特徴と課題 ………………………………………… *72*

第4章　秋田県南部地域（羽後町・大仙市）における集落営農組織（非法人） ……*75*

　1．羽後町の集落営農 …………………………………………………… *75*
　　　（1）JAうご管内の農業 ………………………………………… *75*
　　　（2）A集落の農業 ………………………………………………… *77*
　　　（3）C営農組合設立の経緯 ……………………………………… *78*
　　　（4）C組合の事業内容 …………………………………………… *79*
　　　（5）A集落の農家の存在形態 …………………………………… *80*
　　　（6）C組合の課題 ………………………………………………… *89*

2．大仙市の集落営農 ……………………………………………… 90
　　　（1）JA秋田おばこ管内の農業 …………………………………… 90
　　　（2）P集落の特徴 …………………………………………………… 91
　　　（3）KTファーム設立までの経緯 ………………………………… 91
　　　（4）KTファームの事業内容 ……………………………………… 93
　　　（5）構成員の存在形態 ……………………………………………… 94
　　　（6）まとめ …………………………………………………………… 97

第Ⅱ部　集落営農組織の展開と水田農業政策の転換 …………… 101

第5章　戸別所得補償モデル対策下における秋田県水田農業の
　　　　構造再編 ……………………………………………………… 103
　1．はじめに ………………………………………………………… 103
　2．秋田県における戸別所得補償モデル対策下の動向 ………… 104
　　　（1）主食用米の生産数量目標配分でのペナルティの廃止 …… 104
　　　（2）主食用米の過剰作付けが減少 ……………………………… 106
　　　（3）主食用米の過剰作付地域は拡大 …………………………… 107
　　　（4）生産調整の態様の変化 ……………………………………… 107
　3．平坦水田農業地域で展開するAファーム …………………… 110
　　　（1）K集落の特徴 ………………………………………………… 110
　　　（2）Aファーム設立までの経緯 ………………………………… 110
　　　（3）Aファームの事業内容と戸別所得補償制度下での動き … 112
　　　（4）構成員の特徴 ………………………………………………… 114
　4．中山間地域で展開する集落営農組織におけるモデル対策への対応
　　　　……………………………………………………………………… 116
　　　（1）N集落の特徴 ………………………………………………… 116
　　　（2）B営農組合設立までの経緯 ………………………………… 116
　　　（3）B営農組合の戸別所得補償制度下での生産調整対応の動き … 118
　5．おわりに ………………………………………………………… 119

第6章　政策対応型集落営農組織の新たな動きと農地集積（法人組織） …… 123

1. 研究の背景と課題 …… 123
2. 集落営農法人の展開 …… 124
   - （1）調査事例の位置づけ …… 124
   - （2）農事組合法人NHファーム（集落営農からそのまま法人化・全農家参加型） …… 126
   - （3）株式会社MSファーム（少数の担い手による会社化） …… 129
   - （4）農事組合法人NK（解散に近い形での法人化） …… 131
   - （5）農事組合法人KY営農組合（半分の農家が参加） …… 133
3. 政策対応型集落営農組織の新たな動き …… 135

第7章　新たな経営安定対策下での農協による担い手支援の課題 …… 137

1. はじめに …… 137
2. JA秋田中央会による担い手支援 …… 139
   - （1）集落営農を中心とした担い手づくり …… 139
   - （2）集落営農組織の法人化支援 …… 141
   - （3）農業経営支援の取り組み …… 142
   - （4）小括 …… 145
3. JA秋田しんせいの担い手支援 …… 146
   - （1）担い手支援の取り組み経緯 …… 146
   - （2）2015年度の担い手支援方針 …… 147
   - （3）担い手支援専門部署の設置による支援体制の強化 …… 150
   - （4）小括 …… 152
4. 法人側からみたJAの担い手支援 …… 152
   - （1）農事組合法人A …… 153
   - （2）農事組合法人B …… 156
   - （3）担い手支援内容と評価・期待 …… 160

5．新たな農業政策下における担い手支援とJAの対応方策 ………… *163*
　　　（1）新たな農業政策下で予想される事態 …………………………… *163*
　　　（2）担い手支援の対応方策 …………………………………………… *163*

第8章　農地中間管理機構を活用した担い手への農地集積の
　　　　現状と課題、方策 ………………………………………………… *165*
　　1．はじめに ………………………………………………………………… *165*
　　2．秋田県における農地中間管理事業の実施状況 ………………………… *166*
　　　（1）秋田県農地中間管理機構の概要 ………………………………… *166*
　　　（2）農地の公募状況（借受希望申込）………………………………… *167*
　　　（3）農地の貸付希望者とマッチング ………………………………… *170*
　　　（4）機構からの農地貸付 ……………………………………………… *172*
　　3．機構の取り組み課題 …………………………………………………… *173*
　　4．集落営農組織の法人化と面的集積 …………………………………… *173*
　　5．農地集積を促進するための課題 ……………………………………… *175*
　　　（1）機構集積協力金（地域集積協力金）の拡充 …………………… *175*
　　　（2）業務委託先の体制強化とJAとの連携 ………………………… *176*
　　　（3）稲作所得を確保できるだけの政策支援 ………………………… *176*

終章　東北水田稲作単作地帯（秋田）の農業再編 ……………………… *179*
　　1．品目横断的経営安定対策と集落営農組織（第Ⅰ部まとめ）……… *179*
　　2．集落営農組織の展開と水田農業政策の転換（第Ⅱ部まとめ）… *181*
　　3．おわりに ………………………………………………………………… *183*

引用・参考文献（50音順） ………………………………………………… *189*
あとがき ……………………………………………………………………… *193*

序章
米単作から複合産地化をめざす東北水田農業

1．稲作単作高位生産力地帯の形成

　東北地域（青森県・岩手県・秋田県・山形県・宮城県・福島県の6県）では戦後農地改革から食糧増産期にかけて多様な農民的商品生産の開花（岩手北上の葉たばこ、福島盆地の桃など）がみられたが、高度経済成長期には稲作優等地帯を中心に米単作傾向が強まった[1]。東北農業・農村の実態把握を試みた研究によれば、1970～80年代の東北6県の農業の特徴は低賃金・高単収・高地代の中核水田地帯ととらえられ、農業進展地帯と位置づけられた[2]。

　当時の東北の稲作は単収の高さできわだっていた。冷害による不作の年はさておき、全国と比べて約1俵も多かったのである（**図序-1**）。とりわけ

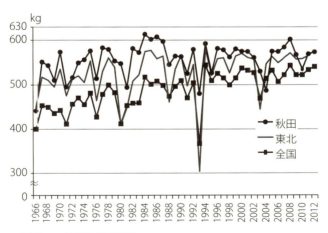

図序-1　水稲単収の推移
資料：農林水産省作物統計

1985年は東北の単収が577kgと過去最高に高まった年でもあった。米収穫量は330万トンにのぼり全国の米収穫量の28.4%を占めた。稲作生産力の高さは、食管制度の米価支持に支えられて、稲作単作構造を形成するという結果をもたらした[3]。

　豊田（1987）は東北地域の農業の基幹作物をなす稲作の生産力構造に着目し、1980年代半ばの東北稲作の生産力は全国よりも高い土地生産性（10a当たり米収量）と、より省力化された高い労働生産性（労働100時間当たり処理面積）のもとで実現されているとした[4]。さらに東北地域の稲作生産力の地域性を次のように位置づけている。すなわち、①米の単収が600kg前後に達する日本海側の「高位稲作生産力地帯」（秋田県、山形県）、②米の単収は全国水準で、農村工業化のもとで通勤型の農家兼業化が進展している南東北の「兼業稲作地帯」（福島県、宮城県）、③全国トップクラスの高単収が冷害によって一気に瓦解する、収量変動の大きい生産力構造を示す北東北の「冷害・不安定稲作地帯」（青森県、岩手県）の3つのタイプに地域的な分化をとげたとした。米過剰と減反政策の始まりをきっかけに、稲作の比較優位の弱い③の冷害・不安定稲作地帯から経営複合化が進んだ一方で、①の高位稲作生産力地帯では、「銘柄米的高米価」のもとで良品質・多収をめざす意欲が高かったため、米単作構造が強固で、経営複合化はもっとも遅れているとした。この当時の米価（自主流通米生産者価格）水準は1980年代半ばまでは上昇傾向をみせ、その後ゆるやかに下降していくが、それでも60kg当たり2万円を超えていた（**図序-2**）。

　1985年農業センサスでみると、農家数に占める稲単一経営農家の割合は全国で38.7%であったが、水稲を基幹作物とする東北は全国よりも高い53.7%を占めていた。豊田が高位稲作生産力地帯と位置づけた秋田では、実に農家の77.9%が稲単一経営であったことからも、高い単収と相対的に高い米価のもとで経営複合化が進まなかったのであろう。

　東北地域が米に依存していたことは農業産出額に占める米の割合をみてもわかる。1980年代は全国では農業産出額のおよそ3割が米によるものであっ

序章　米単作から複合産地化をめざす東北水田農業

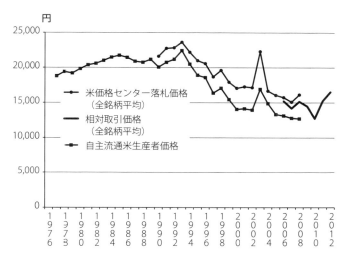

図序-2　米価格の推移

資料：ポケット農林水産統計年報、農林水産省総合食料局食糧部計画課「米の取引価格について」（2008年5月）および農林水産省ウェブページ（http://www.maff.go.jp/j/seisan/keikaku/soukatu/aitaikakaku.html）による

たが、東北では約5割、秋田にいたっては7割近くを占めていた（**図序-3**）。

　宇佐美（1987）は1980年代半ばの東北地域の農業を、米を基幹作物とするのは共通しているが、自然的・経済的条件に規定されて、次の4つの地帯類型に区分されるとした。すなわち、稲単作地域（山形庄内・秋田南など）、米・果樹複合地域（山形村山・青森津軽中南など）、稲・園芸・畜産複合地域（青森南部・岩手北上山系など）、米単作的な漁業兼業地域（青森・岩手・宮城・福島の太平洋岸）である。東北地域では長らく米作付面積の増加と収量の安定化が課題であり、「米生産量の増加が農家の富裕度を規定する歴史的過程が数百年にわたって続いた」わけだが、先の稲単作地域は「今日でも稲作の帰趨がそのまま地域農業の命運を決する地域である」とした[5]。

　当時の東北農業を支えたのは1～2ha層であった（**表序-1**）。都府県全体で、もっとも厚い階層は0.5～1.0ha層であったが、東北はそれより大きい規模階層が中心を形成していた。また2ha以上も農家の2割を占めており、それ

3

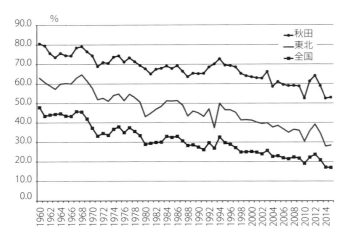

図序-3　農業産出額に占める米の割合
資料：農林水産省「生産農業所得統計」による

表序-1　経営耕地面積規模別農家の構成比

	合計	例外規定	0.3ha未満	0.3～0.5	0.5～1.0	1.0～2.0	2.0～3.0	3.0～5.0	5.0ha以上
都府県	100	0.2	25.6	17.6	27.7	20.7	5.5	2.2	0.4
東北	100	0.2	13.8	12.7	24.2	28.6	12.5	6.6	1.5
秋田	100	0.1	12.4	12.5	22.8	29.2	14.3	7.0	1.7

資料：1985年農業センサスより作成。

らが1割に満たない都府県とは対称的であった。

　1970～80年代は米の生産過剰と米価引き下げにより農業収益が低下する中で、兼業化の深化・滞留構造も形成されていく。「米をはじめとする農産物過剰による価格低迷、農業所得減退が他産業・工業を招き入れる結果」となったが、労働市場の展開を主導したのは不安定・低賃金の零細企業の立地であり、低賃金・不安定雇用のもとでの兼業化であった[6]。機械化の進展にともなって農作業受委託が進展したが、低賃金構造のため作業委託料金も低位であり、作業を委託したとしても小作地地代を上回る所得を得ることができたのは、単収の高さによってであった。また機械化の進展によって労働生産

序章　米単作から複合産地化をめざす東北水田農業

性は発展したが、階層間格差も小さかったため、農地の流動化や農家の階層間変動も停滞的で、規模拡大には結びつかず兼業化を深めることになった[7]。

米の生産過剰と米価引き下げのもとでも、生産調整率は比較的緩やかであり、大きい耕地面積と高い米生産力に支えられて、農業所得水準が高かったため、低賃金のもとでも兼業化を強めることでそれなりに家計を維持することが可能だった。それゆえに、東北農業は生産調整政策のもとで稲作面積は減少させたものの、水田利用を再編して新しい作物の作付け増加や土地利用の高度化、農業経営の複合化には向かわなかった。もっぱら耕地面積の減少と耕地利用率の低下をもたらしたのである[8]。

かくして、1980年代の東北農業の課題は、米過剰の顕在化と生産調整の進展のもとで、連作的稲単作的土地利用から輪作的複合的土地利用体系への転換にあったのである[9]。

2．米価下落のもとでの東北地域の農業構造

(1) 米価下落と生産調整の強化

1995年に食糧管理法が廃止され、米の価格形成を市場原理に委ね、政府の管理を大幅に縮小する「主要食糧の需給及び価格の安定に関する法律」（食糧法）が新たに施行されたことで、米価は大きく下落することになった。食糧法が施行されて以降、米価下落に歯止めがかからなくなり、全銘柄加重平均の指標価格は1995年産を100とすれば、08年産では70と3割も下落した。この間に、東北の基幹作物である米の産出額も37.6％減少している。農業産出総額も20.8％の減少となった。1995年には農業産出額に占める米の構成比は約5割であったが、2006年には約4割にまで後退している。

米価下落は東北における稲作収益力の低下につながった。10a当たり稲作所得では東北が都府県を上回っており、1985年にその差は最大となる約2.2万円の開きがあった。1993年までは1万円以上の差があったが、それ以降は東北に優位性は薄れていき、その差は数千円にまで縮小している（**図序-4**）。

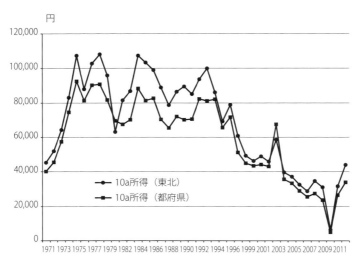

図序-4　都府県と東北の稲作所得の推移
資料：農林水産省統計部『米および麦類の生産費』各年版

　さらに生産調整面積も大きく拡大していったが、それへの対応に遅れたことが水田利用率の低下につながった。水田（本地）面積に占める水稲の割合の推移をみると、生産調整が始まってから2010年まで、東北の水稲作付割合（米による転作を含む）は都府県のそれを上回っている（東日本大震災の影響で2011年以降は東北の作付割合は都府県を下回ることになる）。水稲作付割合は、生産調整が始まってから都府県と東北で差が開いていき、1993年に最大となる5ポイントの差がついた（**図序-5**）。それからは徐々に差が縮まり、2008年以降、東北の水稲作付割合は都府県とほぼ同じ水準になった。これは生産調整の圧力が都府県のそれよりも弱かったものから、徐々に強化されていったことが影響している。生産調整面積の配分は1978年の水田利用再編対策から「地域指標」の導入によって地域ごとに偏りがでていた[10]。東北は米の主産地として位置づけられたため優先的に軽い生産調整配分面積とされた[11]。ところが、2004年からはじまった米政策改革では、米の生産目標数量の都道府県配分において過去の需要実績が反映されることとなり、さらに

序章　米単作から複合産地化をめざす東北水田農業

図序-5　水田本地に占める水稲作付面積の割合
資料：作物統計

2007年からは過去の需要実績だけで都道府県配分が行われるようになったことが影響している[12]。これにより東北の生産調整率も上昇することになった。

　データの制約があるが、1991年の転作率は全国平均29.4％で、転作率が全国でもっとも低かったのが宮城（19.3％）で、山形（20.6％）も3番目に低かった[13]。2002年になると全国の転作率は36.7％に高まり、宮城（29.4％）と山形（30.1％）も上昇しているが、宮城は全国で4番目に低く、山形も6番目に低いままであった（**図序-6**）[14]。東北各県の中で転作率が全国平均よりも高かったところは青森だけであった。秋田は低いほうから9番目、福島は10番目、岩手は17番目であった。

　米政策改革以降の生産調整率の動きを秋田県についてみると、2007年から2011年にかけて全国の生産調整率は38.1％から39.8％へと1.7ポイントの強化であるのに対し、秋田県では同30.9％から39.6％へと8.7ポイントも急上昇し、全国水準にまで高まっている（**表序-2**）。

　東北では水田の稲作付割合が2004年の73.2％から、10年には70.9％へと2.3

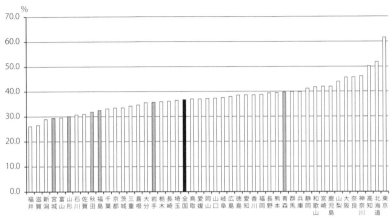

図序-6　都道府県別転作率（2002年）

資料：佐藤加寿子「秋田県が直面している事態と園芸メガ団地育成事業」農業農協問題研究所東北支部共催現地研究会・視察資料、2016年
原典：農林水産省　生産調整に関する研究会第2回生産調整部会（2002年4月22日）資料

表序-2　生産調整率（面積）（推計値）の推移

単位：％

	2007年	2008年	2009年	2010年	2011年
全国	38.1	38.3	38.3	38.5	39.8
秋田県	30.9	35.0	36.0	36.7	39.6

資料：佐藤加寿子「秋田県が直面している事態と園芸メガ団地育成事業」農業農協問題研究所東北支部共催現地研究会・視察資料、2016年
注：1）全国は秋田県農業協同組合中央会による推計
　　2）秋田県は秋田県庁による推計

ポイントも減った。同期間に全国では水稲作付割合が0.9ポイント減であり、東北での生産調整圧力が高かったことがわかる。この間、東北では水稲以外の作物作付は1,200ha増えたが、水稲作付の減少2万400haをカバーするにはほど遠く、水田利用率も93.9％から1.7ポイントも低下した（全国は1.3ポイント減にとどまっている）。佐藤（2012）も米政策改革下で生産調整の負担は東北でより大きかったと指摘している[15]。

　全国的には米価下落のもとで生産調整面積が増加するとともに、水稲作付

序章　米単作から複合産地化をめざす東北水田農業

面積は減ったが、水稲以外の作付が伸びることで（2010年で水田の28.8％）、転作の確立も進んだことで、水田利用率も97.8％（2010年）を維持し、稲単作化からの脱却に一定の進展がみられた。しかるに東北では生産調整圧力が他の地域に比べて弱かったものの、短期的に生産調整率が急速に上がったために、転作に対応できず（水稲以外の作付率は22.8％）、水田利用率も92.2％にまで低下したのである。

（2）農業依存度の高い兼業農家

　東北農業の特徴の1つに、中規模経営の層が厚い存在があげられる。経営規模階層別に販売農家数のシェアをみよう（**表序-3**）。都府県では、2.0ha未満の小規模農家は販売農家の84.1％を占めている。2.0-5.0haの中規模農家は13.2％、5.0ha以上の大規模農家は2.6％である。一方東北に目を向けると2.0ha未満は71.2％で、2.0-5.0haが23.2％と厚く形成されている。5.0ha以上も5.6％とやや高くなっており、都府県に比べて中上層、とりわけ中規模層のシェアが高いことがわかる。

　中規模層の厚さは農家数のシェアだけではない。経営耕地面積も中規模層のシェアが高いことが確認できる。都府県では2.0ha未満農家が経営耕地面積に占めるシェアは53.2％、2.0-5.0haは29.4％、5.0ha以上は17.4％であるのに対し、東北では2.0ha未満は36.7％にとどまる一方で、2.0-5.0haは37.3％、5.0ha以上も26％と、中上規模層に農地の6割以上が集まっている。5.0ha以

表序-3　階層別でみる農家数シェアと面積シェア

単位：％

		2.0ha 未満				2.0-5.0ha				5.0ha 以上		
			0.5ha未満	0.5-1.0ha	1.0-2.0ha		2.0-3.0ha	3.0-4.0ha	4.0-5.0ha		5.0-10.0ha	10.0ha以上
農家数	都府県	84.1	22.8	35.2	26.1	13.2	8.3	3.3	1.6	2.6	2.1	0.6
	東北	71.2	14.0	27.1	30.1	23.2	13.8	6.3	3.1	5.6	4.3	1.2
	秋田	66.4	11.1	23.9	31.4	27.0	15.9	7.4	3.7	6.6	4.7	1.9
面積	都府県	53.2	6.5	19.0	27.6	29.4	15.3	8.7	5.3	17.4	10.5	6.9
	東北	36.7	2.9	10.5	23.2	37.3	18.1	11.7	7.5	26.0	15.7	10.3
	秋田	32.1	2.1	8.3	21.7	38.6	18.5	12.1	7.9	29.4	15.1	14.3

資料：2005年農林業センサス（販売農家）より作成

上の大規模農家の農地集積とともに、農地の4割弱が2.0-5.0haの中規模層に集積されているところに特徴がある。

　結果として、販売農家1戸当たりの経営耕地面積は、都府県が1.3haであるのに対して東北は1.8haとかなり大きくなっている。なお、これは農地貸借が進んだというよりも、もともと自作地規模の大きい農家層が厚いからである。水田借地率をみれば、都府県が21.3%であるのに対して、東北は16%と水田の貸借はまだまだ少ないのである[16]。所有農地規模が2ha以上ある農家（販売農家）の割合は、都府県が12.4%にとどまるのに対して東北は27.0%とかなり高く、1戸当たり自作地面積も都府県に比べて大きい。

　東北の兼業化は進んでいるが、兼業農家は小規模とは限らない。2005年農業センサスから専業、兼業別の農家割合をみてみると、都府県の専業農家の割合は21.8%であるのに対して、東北は15.2%と小さい。一方で、第一種兼業農家は都府県15.2%であるが、東北は18.7%、第二種兼業農家は都府県63.1%、東北66.1%である。つまり、東北では兼業化、とりわけ第二種兼業農家が進展している。この第二種兼業農家がどのような規模階層に存在するのかを確認すると、都府県では90.8%が2ha未満に存在し、2-5haには8.6%しか存在しない。一方東北では、2ha未満も81.1%と多いものの、17.6%は2-5haの中規模層に存在していることが注目される。また、都府県の2-5ha層の40.9%は第二種兼業農家であるが、東北では同階層の50.2%が第二種兼業農家であって、中規模層の半数は第二種兼業農家が占めていることになる。このように、第二種兼業農家であっても、ある程度の面積規模で農業を行っていることが確認できる。東北で第二種兼業農家の経営規模が比較的大きい理由として、「東北の労働市場の性格としては決して安定的なものではなく、低賃金雇用が内実」であり、「不安定兼業＝農業への依存度が相対的に高い状況にある」からである[17]。

　野中（2009）は、東北地域の農家は恒常的勤務形態による兼業化が進み、農業所得への依存度も下がってきているが、それでも家計費を充足するためには農業所得が不可欠であるという[18]。また、兼業賃金と農業所得を合算し

序章　米単作から複合産地化をめざす東北水田農業

てもその所得は全国の中では低位にあり、東北地域の農家所得は他地域よりも少ないことを指摘した。兼業化は進展しているが、労働市場が弱く、兼業所得も低い。農外就業条件も悪化しており、農業所得は家計費充足にとって不可欠であり、離農が促進する状況にない。都府県だと0.5ha未満層の家計の農業所得への依存度は低いが、東北は0.5ha未満層ですら農業所得が家計費の充足にとって必要である。東北農業では農業所得が生活の安定にとって重要な意味をもっている。農業所得が下がるということは農村で生活するうえでの厳しさにつながるのである。

　東北においては、農業が産業として重要な位置を占めており、農家にとって農業所得が不可欠であるため、農家数や経営耕地面積の減少も緩やかであった。

　澤田（2009）は、1950年と2005年の農業センサスを比較し、東北地域の農家数や農地面積の減少が他地域と比較すると少ないことから、「東北地域の農業構造は、他地域に比べて構造変化が緩やかな点にある」とした[19]。また、「多くの農家が現状の農業経営を維持している」からこそ、「政策が求めるような特定の担い手に農地を集積していく方向は容易ではない」と指摘している[20]。

　細山・東山（2006）も2000年農業センサスを分析し、その時点での東北農業の構造を「脱農が遅延し、借地展開も不十分なことから、中上層の厚い階層構成となっており、突出した大規模化は進まない状況」にあるとした[21]。さらに「個別規模拡大が顕著に進まないわりには生産の組織化、さらには集落営農化の動きも相対的に弱い状況にある」と付け加えている。とはいえ、90年代半ば以降の急激な米価下落と生産調整の強化という危機に対して、2000年前後に集落営農を組織化することで乗り切ろうとする動きもないことはない[22]。ただし、東北は西日本と違って不安定兼業地帯であり、「家族経営の労働力はよりオーバヘッド・コスト的性格が強い。そのため、余剰労働力を生み出すような単なる省力化を志向する集落営農活動は許容しがたく、基本的には構成員の就業確保・拡大を保証するような複合化が要求」された

とも指摘している[23]。

　以上を要約すれば以下のとおりである。2005年農業センサスによれば、東北は2ha以上の中大規模農家が28.8％を占め都府県（15.8％）よりも多く形成されている。それでも4ha以上農家は8.7％しか存在しなかった。また東北は兼業化、とりわけ第二種兼業化も進んでいた。この第二種兼業農家は必ずしも小規模ではなかった。2-5haの中規模層の50.2％が第二種兼業農家であった。さらに、1.5haより規模の大きい農家では、たとえ第二種兼業農家であっても、生活するために農業所得が不可欠であった。他方で、大規模農家にとっては、都府県（1万6,450円/10a）よりも相対的に高額（平均2万1,269円/10a）の地代負担に耐えうるだけの経済的条件にはなく、大規模農家への農地集積の進展は望みようがなかった（小作料は2005年の数値で、全国農業会議所「水田小作料の実態に関する調査結果」2007年による）。つまり、大規模農家の規模拡大は困難という状況の一方で、農業からの撤退も容易ではない比較的規模の大きい兼業農家が広範に滞留していたため、担い手が絞れないでいた。稲作を中心とする農業構造にあって、米価下落が進んだことで農業所得も減少しており、それに照応する形で耕作放棄地も増加傾向にあった。こうした動きがより顕著だったのが水稲単作地帯である秋田県であった。

（3）品目横断的経営安定対策の登場

　このような条件にあった中で、2007年から自民党政権のもとで実施された品目横断的経営安定対策は、「高関税で守られた米は、諸外国との生産条件格差から生じる不利はないので価格変動による収入減少の影響を緩和するナラシ対策」のみを実施し、畑作物（麦・大豆・てん菜・そば等）は諸外国との生産条件格差から生じる不利があるので直接支払交付金（ゲタ対策）も実施するというものであった[24]。さらに、この政策の対象となる経営の規模を、認定農業者で4ha、集落営農組織で20haに限定することで、担い手を育成しようとする選別的構造政策であった[25]。この品目横断的経営安定対策への

序章　米単作から複合産地化をめざす東北水田農業

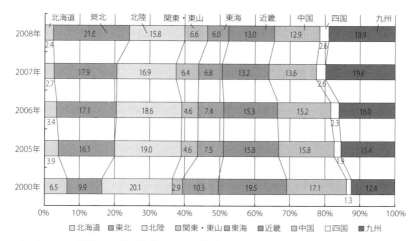

図序-7　集落営農の地域ブロック別構成比

資料：農林水産省「集落営農実態調査結果の概要」2008年7月17日
（http://www.maff.go.jp/www/info/bunrui/bun01.html）

対応として全国各地で急増したのが集落営農組織であった。品目横断的経営安定対策が実施された直後である2008年の集落営農数（全国）は1万3,062で、2000年から31.1％も増えることとなった。ただし、集落営農組織の急増は、集落営農ベルト地帯と呼ばれ、もともと集落営農が多かった北陸、近畿、中国では見られなかった[26]。集落営農ベルト地帯とは対照的に、集落営農が急増したのは北九州や東北である。

2008年2月時点で、集落営農組織のブロック別シェアは東北21.6％、九州18.9％であり、この2地域で全国の集落営農の4割を占めるに至っている（**図序-7**）。九州では2006年から07年にかけて、東北では07年から08年にかけて集落営農組織が大きく増加しているが、これは「品目横断的経営安定対策」の受け皿づくりの側面が強い[27]。実際、集落営農組織が短期間に増加した東北と九州で、経営安定対策に加入する集落営農組織の割合が5～6割と高くなっている（**図序-8**）。同対策は麦で先行したため、麦作付面積の大きい九州でまず集落営農の組織化が進み、大豆、米の申請が始まると同時に東北に

13

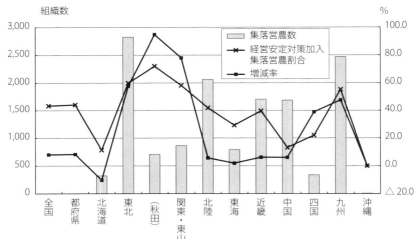

図序-8　地域別集落営農組織数と水田経営所得安定対策加入割合

資料：農林水産省ホームページ「集落営農実態調査の概要」及び「平成20年産水田・畑作経営所得安定対策加入申請状況」より作成（http://www.maff.go.jp/www/info/bunrui/bun01.html）
注：1）集落営農数は2008年2月1日現在
　　2）増減率は2006年から08年にかけて増加した集落営農の割合
　　3）経営安定対策は2008年産申請数を利用

おいても集落営農の組織化が進んだのである。

　2010年農業センサスでは、東北で5ha以上の農業経営体の経営面積シェアが高まり、大規模経営体による農地集積の進展による構造変動が確認された。安藤（2012）は、「集落営農が含まれている農家以外の事業体による水田集積の進展というのが、2010年センサスの都府県の最大の特徴」だと指摘している[28]。橋詰（2012）は、2010年センサスにおける農業構造の変化は「水田・畑作経営所得安定対策に対応するために設立・再編された集落営農組織の多くが、2010年農業センサス農業経営体（組織経営体）として新たに把握された影響を強く受けている」と指摘する[29]。

　水田・畑作経営所得安定対策（以下、経営安定対策）の対象となるために組織された集落営農組織には、「組織名義で収穫物の販売を行っていても、農作業はすべて個人の機械で個別に実施し、各農家の収穫量に応じて販売額

序章　米単作から複合産地化をめざす東北水田農業

を割り戻す、いわゆる『枝番管理』の組織も含まれている」[30]。経営安定対策対応で組織された枝番管理の集落営農組織は技術的構成要素（労働力、労働対象、労働手段）の集団的利用に乏しい組織が少なくない。こうした組織の構成員がセンサス調査において農業経営体として把握されるか、土地持ち非農家として把握されるのかで統計上の地域の農業構造は大きく異なってくるが、後者の場合、農家数の減少と土地持ち非農家の増加として現れる。集落営農組織が多く設立されたことで、農家以外の農業事業体が増加し、土地持ち非農家としてカウントされた農家の農地が事業体の経営面積として計上されるため、事業体の農地集積が借地により進んでみえる。経営安定対策に加入できる集落営農組織の要件には20ha以上の規模が求められたため、大規模な事業体が増えることになり、大規模経営体への農地集積が加速したようにみえた可能性がある。この動きが特に大きかったのが東北と九州であった[31]。中村（2012）は、東北における集落営農組織化は枝番管理方式の組織化であり、農家の減少が過大に評価されている可能性があり、統計上の農業構造の変動の過大評価になっている可能性があるとした[32]。

　2010年センサス結果が示した構造変動は過大評価との指摘もあるが、橋詰（2012）は、農業構造を展望する上で重要なのは、2010年の構造変動の主役である集落営農組織が、「真の農業経営体へと発展し、地域農業の担い手として定着するかどうか」であって、詳細な実態調査を積み重ねながら見極める必要性を指摘している[33]。

3．米単作から経営複合化へ

　2013年6月14日に閣議決定された「日本再興戦略」において、今後10年間で、全農地面積の8割（現状は約5割）を担い手に集積し、担い手の米の生産コストを現状の全国平均（1万6千円/60kg）から4割削減して9,600円にする目標を決定した。構造改革が遅れているとされる水田農業においては、担い手への農地集積を加速化させ、平地で20〜30ha，中山間地域でも10〜

20haの経営体が大宗を占めるという目標を掲げている。そのために「規模拡大交付金」や、「人・農地プラン」をベースとした「農地集積協力金」(経営転換協力金、分散錯圃解消協力金)、あるいは「農地中間管理機構」の設置など、水田農業の構造改革に向けた政策が矢継ぎ早に投入されてきた。

　2010年農林業センサスによれば、都府県では1集落の平均農家戸数は18戸、平均経営耕地面積は19haであるので、20〜30ha規模の大規模経営体が農地のおよそ8割を集積するような構造改革を実現しようとすれば、集落内で1つの経営体だけを残してあとは離農するしかない。2010年度の「水田作個別経営の営農類型別経営統計」をみれば、経営規模が20ha以上の農業所得は1,300万円であるので、20haの農地がある集落で1人の農家に耕作を任せれば「効率的かつ安定的な経営」として自立できるということであろう。

　ただし、食糧増産を目的に大規模な干拓事業で誕生した秋田県大潟村では、農家の平均経営面積が18haにも達し、圃場1区画が1.25haと整備されているうえに連坦化も進んでいる。しかし、この大潟村の農家でさえ米生産費は60kgあたり1万806円である[34]。日本農業が克服できなかった分散錯圃を克服し、まさに「モデル農村」なのであるが、相当な国費をかけた官製の農業であっても日本再興戦略のいう目標には届かない。農地を集積・連坦化できたとしても、9,600円という米価水準では担い手経営の所得確保はそう簡単ではない。また、大潟村以外でこれほどの圃場整備とそのもとでの農地集積を行おうとすれば莫大な費用がかかるであろう。

　その一方で、先にみたように、東北地域の農家にとって兼業農家であっても農業所得はなくてはならないものであり、農業からの撤退は容易ではない。結果として担い手農家に農地が集まらず、大規模農家の育成も簡単ではなかった。個別展開が困難な中で、品目横断的経営安定対策を契機に東北でより多くの集落営農組織が設立されたことにつながったのである。しかし、組織化したといっても個別による営農が継続されており、「形式的な作業共同化」にとどまっていることや、集落営農組織をつくった場合も、構成員が農業に関わる場面を確保する必要があることを先行研究は指摘している。

つまり、東北農業に求められているものは、形式的に組織化された集落営農組織が経営体として展開していけるかどうか、また土地利用の形態を稲単作から転作を確立して複合産地化にどうつなげていくか、その上で農業所得を確保していけるか、すなわち農業の収益性の底上げによる農業内部での雇用の創出・強化が可能かどうかである。

4．本書の課題と構成

本書では品目横断的経営安定対策を契機として設立された集落営農組織を対象として、それを構成する農家の実態、土地利用の変化、経営展開の課題を明らかにし、複合産地化にむけた今後の展望を考察する。

事例分析は秋田県の集落営農組織を対象におこなう。豊田のいう日本海側の高位稲作生産力地帯、宇佐美のいう稲単作地域の水稲単作がいまだ根強い地域で分析することで、土地利用の変化や複合産地化の取り組みがより鮮明に明らかになると考えるからである。

秋田県の特徴としては、先に述べた東北農業の特徴がきわだっている点にある。第1に、秋田県は中大規模農家の割合が高い東北の中でも、そうした農家が厚く形成されていることである（前掲**表序-3**）。2-5ha層のシェアは27.0％と東北の23.2％よりもかなり高く、また5 ha以上層も6.6％と東北の中では高くなっている。しかしながら、秋田県においても4 ha以上の販売農家は10％にとどまっていた。

第2に、秋田県は東北の中でも兼業化、とりわけ第二種兼業化が進んでいることである。専業農家率は13.6％（都府県21.8％、東北15.2％）と低い一方で、第二種兼業農家率は69.4％（都府県63.1％、東北66.1％）と高い。また、1.5-10.0ha層の58.9％は第二種兼業農家であって、生活のために農業所得を必要とする農家階層の6割が第二種兼業農家である。

第3に、稲作比率が高い東北にあっても、とりわけ秋田はその傾向が顕著である。2005年農林業センサスで、農業経営体が販売目的に作物を作付けた

図序-9 秋田県の農業地域区分
出所：マップファン（http://www.mapfan.com/kankou/05/jmap.html）の
秋田県地図を加工。

面積のうち、水稲が占める割合は87％とかなり高い（都府県66.1％、東北80.1％）。また販売のあった農業経営体のうち稲単一経営の割合は81.1％である（都府県52.8％、東北63％）。また秋田は農業産出額（2007年）の6割は米が占めていることからも、稲作への依存度が強いことがうかがいしれよう。

　第4に集落営農組織の増加である。経営安定対策が始まる前の2005年には

序章　米単作から複合産地化をめざす東北水田農業

335組織だったものが、06年には361、07年には526、08年には703、そして09年には721へと全国のトップクラスまで増加し注目を集めるにいたった。

　本書の章別構成は以下のとおりである。

　第Ⅰ部は品目横断的経営安定対策を契機として設立された集落営農組織の実態がどのようなものであり、いかなる課題をかかえているかについて分析した。

　まず第1章では品目横断的経営安定対策への対応を迫られた背景として、秋田県の水田農業の構造的特徴を明らかにし、集落営農の組織化を支援する取り組みを明らかにする。

　第2章から第4章では、品目横断的経営安定対策への対応として数多く設立された集落営農組織の実態を、秋田県北部地域（鹿角市、大館市・八峰町）、中央沿岸地域（由利本荘市・潟上市）、南部地域（羽後町・大仙市）にわけ、それぞれの地域ごとに集落営農組織の構成員調査から明らかにしている。経営安定対策への対応としてつくられた集落営農組織がどのような課題を抱えているのかを明らかにし、今後の展望を考察した。

　第Ⅱ部は、品目横断的経営安定対策を契機として設立された集落営農組織がその後どのような展開を図っているか、水田農業政策の転換や法人化とのかかわりでみている。

　第5章では、「戸別所得補償モデル対策」が、品目横断的経営安定対策への対応で設立された集落営農組織や秋田県水田農業への影響を考察している[35]。

　第6章は、品目横断的経営安定対策をうけて設立された集落営農組織が法人化した組織をとりあげた[36]。政策対応として急増した集落営農組織が、その後法人化することで、今後の担い手、あるいは農地集積の受け皿としての展望があるかを、①集落営農組織の経営内容・資本蓄積条件の考察と、②農業従事者の確保（主たる従事者とその他農作業従事者）の可能性からみた。

　第7章は、農協による集落営農組織化および法人化、そのあとの法人経営体への支援についてみている。そこから析出された課題に対して、JAとし

てどのような対応が求められるのかを考察し、新たな局面に対応したJAの担い手育成・経営支援の条件やその方法を明らかにする。

　第8章は秋田県農地中間管理機構の取り組みを明らかにし、機構を活用した担い手経営の農地集積の現状と課題、展望を明らかにしている。

　終章では、全体を総括し、水田農業政策の転換との関わりで集落営農組織の今後の展望を探った。

注
1）豊田隆「経営複合化と土地管理主体」東北農業研究会編『東北農業・農村の諸相』御茶の水書房、1987年、p.37。
2）石黒重明・川口諦編『日本農業の構造と展開方向』農業総合研究所、1984年、p.424。
3）河相一成・宇佐美繁編著『みちのくからの農業再構成』日本経済評論社、1985年、p.15。
4）前掲豊田（1987）、p.58。
5）宇佐美繁「東北農業の現段階」東北農業研究会編『東北農業・農村の諸相』御茶の水書房、1987年、p.17。
6）東北農業研究会編『東北農業・農村の諸相』御茶の水書房、1987年、pp.ⅱ～ⅴ。
7）西田周作、吉田寛一共編『東北農業　技術と経営の統合分析』農山漁村文化協会、1981年、pp.26～27。
8）東北農業研究会編前掲書、p.16。
9）河相一成・宇佐美繁前掲書、p.408。
10）佐藤加寿子「秋田県が直面している事態と園芸メガ団地育成事業」農業農協問題研究所東北支部共催現地研究会・視察資料、2016年、p.6。
11）荒幡克己「米の生産調整の経済分析」農林統計協会、2012年、p.53。
12）前掲佐藤（2016）、p.6。
13）農林水産省　生産調整に関する研究会　第1回（平成14年1月18日）資料 http://www.maff.go.jp/j/seisan/jyukyu/komeseisaku/pdf/01siryo.pdf
14）前掲佐藤（2016）、p.6。
15）佐藤加寿子「東北水田農業の与件変化」平成24年度日本農業経営学会研究大会、個別報告論文。
16）とはいえ、都府県は水田借地の44.2％が5ha以上の農家に集積されているが、東北では59.4％までが5ha以上農家（販売農家）に集まっており、水田借地は東北の方が大規模農家に集積される傾向にはある。
17）細山隆夫・東山寛「地域労働市場の動向と農業構造─東北・北陸」『東日本穀

倉地帯の共生農業システム』農林統計協会、2006年、p.36。
18）野中章久「東北地域における水田農業ビジョン実現に向けた対応と課題　第２節東北地域における農外就業の特徴と岩手県H地域の兼業条件」関野幸二・梅本雅・平野信之編著『制度変革下における水田農業の展開と課題』農林統計協会、2009年、pp.16〜17。
19）澤田守「東北地域における水田農業ビジョン実現に向けた対応と課題　第１節はじめに」関野幸二・梅本雅・平野信之編著『制度変革下における水田農業の展開と課題』農林統計協会、2009年、p.14。
20）澤田守前掲書、p.15。
21）細山隆夫・東山寛「地域労働市場の動向と農業構造―東北・北陸」矢口芳生編集代表・平野信之編著『東日本穀倉地帯の共生農業システム』農林統計協会、2006年、p.40。
22）東山寛「東北地域における複合型集落営農の新展開」矢口芳生編集代表・平野信之編著『東日本穀倉地帯の共生農業システム』農林統計協会、2006年、p.46。
23）東山寛「東北地域における複合型集落営農の新展開」矢口芳生編集代表・平野信之編著『東日本穀倉地帯の共生農業システム』農林統計協会、2006年、p.47。
24）村田武『日本農業の危機と再生』かもがわ出版、2015年、p.94。
25）田代洋一『地域農業の担い手群像』農文協、2011年、p.13。
26）高橋明広「集落営農と地域農業　座長解題」農業問題研究学会編『農業問題研究』第45巻第２号、筑波書房、2014年、p.3。
27）谷口信和「日本農業の担い手問題の諸相と品目横断的経営安定対策」『日本農業年報53　農業構造改革の現段階』農林統計協会、2007年、p.27。
28）安藤光義編著『農業構造変動の地域分析―2010年センサス分析と地域の実態調査―』農文協、2012年、p.290。
29）橋詰登「集落営農展開下の農業構造と担い手形成の地域性―2010年農業センサスの分析から」安藤光義編著『農業構造変動の地域分析―2010年センサス分析と地域の実態調査―』農文協、2012年、p.28。
30）前掲橋詰（2012）、p.55。
31）安藤光義編著『農業構造変動の地域分析―2010年センサス分析と地域の実態調査―』農文協、2012年、p.290。
32）中村勝則「東北水田農業の構造変動―急激な農家数減少の内実―」安藤光義編著『農業構造変動の地域分析―2010年センサス分析と地域の実態調査―』農文協、2012年、p.149。
33）前掲橋詰（2012）、p.55。
34）『八郎潟中央干拓地入植農家経営調査報告書』10戸、平均経営面積は17.4ha、

2012年度。
35）第5章のAファームは第4章のKTファームと同一の組織である。
36）第6章のNHファーム、MSファーム、農事組合法人NKは第2章で取り上げたNHファーム、MSファーム、NK営農組合が法人化したもので、KY営農組合は第4章で取り上げたC営農組合が法人化したものである。

第Ⅰ部
品目横断的経営安定対策と集落営農組織

第1章

秋田県における集落営農組織の展開

　秋田県では品目横断的経営安定対策を契機として集落営農組織が多く設立された。それは序章で確認したように秋田県農業の特徴とかかわっている。秋田県では大規模農家の規模拡大は困難という状況の中で、農業からの撤退が容易ではない比較的規模の大きい兼業農家が広範に滞留していたため、担い手が絞れないでいた。その結果、個別に品目横断的経営安定対策（以下、経営安定対策）への加入条件である経営面積4ha以上という敷居を越えられない農家が多かったが（2005年センサスでは4ha以上の販売農家は8.3%）、他方で集落営農組織も少なかった（2005年で335組織）。そのため、多くの農家が経営安定対策から外れるという事態が想定され、地域農業を維持していくことへの危機感があった。こうしたことから、秋田県、JAグループ、市町村が一体となって集落営農の組織化を推進することとなった。

1．秋田県による集落営農の組織化への支援

　まずは行政の支援をみておこう。秋田県が集落営農組織設立の数値目標を示し、2006年からの集落説明会に先だって、どのように組織化をすすめてゆくかについての検討がおこなわれ、その結果が「秋田県における水田作担い手の現状と集落営農組織育成の考え方」（2005年12月）にまとめられた。そこでは、農業集落を単位に、担い手の有無、形態についての現状分析とともに、今後の集落営農組織化の方針が示されている。具体的には、秋田県農業試験場とJA秋田中央会が2005年に共同で実施した集落アンケート調査を元に、集落における担い手の存在状況が整理された。認定農業者も生産組織も存在しない集落を「担い手不在集落」とし、それ以外の集落で水田作業（稲

作＋転作）において認定農業者または生産組織の集積率が50％以上のものを「担い手有り集落」、50％未満を「担い手不足集落」と３つのカテゴリーに分類した。その結果、「担い手有り」とされたのは対象集落の21％にあたる512集落に過ぎず、うち個別経営が集積を進めているのが88％にあたる449集落で、生産組織による集積がおこなわれているものが39集落、個別経営と生産組織が共存して集積が進んでいる集落が24であった。その一方で、「担い手不足」は1,407集落、「担い手不在」は524集落と、県内の80％の集落で担い手確保対策が課題とされた。

　「担い手有り」に分類された集落を、水田面積別の農家率、認定農業者率、借地耕地率などの統計的特徴から分析し、その統計的特徴を用いて「担い手不足」「担い手不在」集落を再分類し、個別経営への集積が誘導しやすい集落（855集落）と生産組織への集積が誘導しやすい集落（552集落）に分けた。この生産組織への集積可能性が高いとされた552集落は、さらに「組織への参加者が対象集落・地域の全農家の半数に満たない」＝「オペレーター型」生産組織、それが過半を占める「ぐるみ型」生産組織のどちらに誘導しやすいかが、同様に統計的特徴によって分類され、それぞれ457集落、95集落とされた。実際の集落への訪問の際にもこのデータが用いられたが、最終的な誘導方向は集落による話し合いの結果が尊重された。

　2006年には担い手の確認と集落営農の組織化が具体的に推進され始めた。同年春と秋の２回にわたって「あぜ道ミーティング」と称し、秋田県の寺田知事が県内８つの地域振興局単位で現地を訪問し、農家へ直接、経営安定対策への対応の重要性を訴える催しが持たれ、推進に弾みをつけた。県の実働部隊としては地域振興局の農林部普及指導課があたることになったが、その後、農林企画課に担い手経営班が新設され、ここが経営安定対策対応の担当とされた。県の掲げた数値目標に対し、地域における集落営農組織設立の進捗管理をここが担当し、地域における事務局機能を果たしている。2008年度には担い手経営班へさらに経営指導の機能を持たせた。

2．JAグループによる集落営農の組織化への支援

　次に、JAグループの支援をみていく。JAグループ秋田では、経営安定対策に対応するために、2006年度に「集落型経営体等育成運動」を展開し、集落営農組織を中心とした担い手づくりを展開してきた。

　まず、集落営農組織の運営・会計事務支援として、専門支援部署の設置と専任担当職員を各JAに配置させ、独自に開発した経理支援ソフト「一元」を有償提供（1つ5,000円弱）して会計事務支援や、経営安定対策の加入に係る事務を代行する体制を整えた。

　次に2006年と07年の2カ年間にわたって、全農秋田県本部の職員8名を地域振興局単位でその地域で最も規模の大きい単協に出向させ、単協と秋田県中央会とのパイプ役として連絡調整と進捗管理をおこなわせた。

　さらに2006年度は「担い手育成支援対策事業」として1億1,000万円を用意した。同事業は、①JAへの支援対策（5千万円）と②集落営農組織への支援対策（6千万円）とに大別される。①JAへの支援対策として、水田生産基盤流通対策支援事業に4,700万円、担い手育成に向けた地域の人材活用支援事業に300万円の事業費を設けた。前者は多様な担い手育成事業（事業費4,000万円）と営農指導機能強化事業（同700万円）があり、集落営農の組織化を推進するためにJAの支援体制を整備するための助成である。後者は集落営農を組織化するための指導的人材の活用や養成に係る費用の負担助成である。②集落営農組織への支援対策は、集落型経営体等組織化促進支援事業に5,000万円、大規模経営体等支援事業に1,000万円を確保した。前者は集落営農組織を新たに立ち上げ、集落ビジョンの策定や経営安定対策に加入した場合につき、当該組織に運営費の一部として10万円を助成するものであった。後者は、経営面積が200ha以上で経営安定対策に加入し、かつJA出荷する組織に対して200万円を助成するものであった。

第Ⅰ部　品目横断的経営安定対策と集落営農組織

3．品目横断的経営安定対策で集落営農組織が大きく増えた秋田県

　こうして秋田県の集落営農組織は2005年に335組織だったものが、2006年には361組織、07年には526組織、そして08年には703組織へと大きく増加し、全国トップクラスの組織数となった。秋田県では水田と畑地（樹園地を除く）を合わせた経営耕地面積に占める集落営農組織の活動面積（経営地＋作業受託地）が19％（全国は14％）に達し、農業の担い手としての位置が高まりつつある。

　品目横断的経営安定対策の開始にともない、2007年に秋田県では、全国で北海道、新潟に次ぐ5,781の経営体（認定農業者5,298、集落営農組織483）が同対策に加入申請した。翌2008年には7,051経営体（認定農業者6,545、集落営農506）に増加している。集落営農に限って言えば、2006年時点で、「品目横断的経営安定対策に加入予定」とした集落営農組織は16.9％と、全国の28

表1-1　秋田県における水田経営所得安定対策の申請状況（2008年産）

		申請経営体数					
			認定農業者	集落営農	（特定農業団体に準ずる組織）	米	麦
実数	全国	84,274	78,619	5,655	3,887	70,781	29,107
	東北	23,868	22,178	1,690	1,029	23,425	1,382
	秋田	7,051	6,545	506	415	6,955	100
構成比	全国	100	93.3	6.7	68.7	84.0	34.5
	東北	100	92.9	7.1	60.9	98.1	5.8
	秋田	100	92.8	7.2	82.0	98.6	1.4
増減	全国	16.4	17.3	5.0	5.3	20.2	▲ 0.1
	東北	20.1	21.2	7.2	8.2	20.3	5.5
	秋田	22.0	23.5	4.8	5.6	21.8	▲ 5.7

資料：農林水産省「平成20年産水田・畑作経営所得安定対策加入申請状況（2008年8月5日公表）」2009年2月6日（http://www.maff.go.jp/j/ninaite/menu8/pdf/state_h20.pdf）より作成。
注：1）集落営農に関する構成比では、分母は集落営農全体の数字を使った。
　　2）増減は2007年との比較。

％よりかなり加入意識は薄かった[1]。しかし蓋をあけてみると、2007年2月の時点で集落営農は526にまで増え、そのうち483組織（91.8％）が経営安定対策に加入するという、全国トップの集落営農組織の加入数となった。

　2007年当時、経営安定対策の対象となる面積は、米4万624ha、麦293ha、大豆6,815haであり、そのうち集落営農の占める割合は米で31.1％、麦4.4％、大豆33.4％であった（全国は米24.3％、麦26.2％、大豆36.1％）。秋田県の2007年産の作付面積が米9万4,100ha、麦392ha、大豆8,130haであったので、作付面積に占める経営安定対策の対象割合は、米で43.2％、麦74.7％、大豆83.8％になる（全国では米26.2％、麦75.6％、大豆94.6％）。

　2008年の申請状況をみると、申請品目では、米が6,955経営体で、大豆1,935、麦100であり、申請した経営体の実に98.6％が米の申請（全国は米81.3％）を行っており、集落営農組織でも91.3％が米の申請（全国は74.9％）を行っている（**表1-1**）。

　申請品目の組み合わせをみれば、米のみが71.7％でもっとも多く（全国

単位：経営体，％

品目別申請				品目組み合わせ					
大豆	うち集落営農			米のみ	米+大豆	大豆のみ	うち集落営農		
	米	麦	大豆				米のみ	米+大豆	大豆のみ
22,995	4,235	3,327	3,468	42,196	10,116	722	874	1,078	369
6,014	1,412	274	1,062	16,908	5,240	325	490	707	217
1,935	462	8	293	5,058	1,800	93	207	248	43
27.3	74.9	58.8	61.3	50.1	12.0	0.9	15.5	19.1	6.5
25.2	83.6	16.2	62.8	70.8	22.0	1.4	29.0	41.8	12.8
27.4	91.3	1.6	57.9	71.7	25.5	1.3	40.9	49.0	8.5
4.4	11.9	4.2	2.9	34.8	6.9	10.9	16.5	▲ 0.4	3.9
7.9	7.9	7.0	4.9	26.2	7.7	14.0	10.6	5.2	6.4
14.9	4.8	100.0	10.6	25.5	14.3	34.8	▲ 4.2	12.2	2.4

第Ⅰ部　品目横断的経営安定対策と集落営農組織

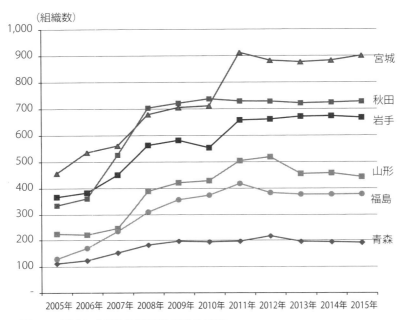

図1-1　東北における集落営農組織の推移

資料：農林水産省『集落営農実態調査報告書』各年度より作成

50.1％）、次いで米＋大豆25.5％（全国12％）で、集落営農組織では米のみが40.9％（全国15.5％）、米＋大豆が49％（全国19.1％）であって、この2タイプで9割を占めている。秋田県では米に関する申請が際立っている。

図1-1からもわかるように、秋田県では2008年以降、組織数に大きな変化はみられない。まさに、品目横断的経営安定対策に加入するための組織化であったといえよう。

図1-2は、2008年のJA別集落営農組織の経営安定対策加入状況をみたものである。加入した集落営農組織の約7割はJA秋田おばこ、JA秋田しんせい、JA秋田ふるさとの3JAで占められている。

最後に、秋田県の集落営農組織の特徴について確認しておこう。第1に、1集落の農家の大半が参加している組織と、一部の農家が参加している組織

第1章　秋田県における集落営農組織の展開

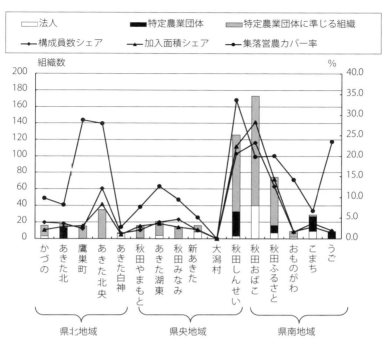

図1-2　秋田県のＪＡ別水田経営所得安定対策加入集落営農数
資料：「集落営農組合の組織的運営にむけて」秋田県農業協同組合中央会、
　　　2008年5月掲載データより作成

の割合が拮抗している。活動範囲内の農家参加が50％未満の組織は35％、80％以上の農家が参加している集落営農組織が30％であり、全国や東北に比べてその差が小さい。活動範囲が1集落にとどまる組織が全体の85％を占めており、5集落以上という広域型の組織はわずかである（**表1-2**）。

　第2に、集落営農組織に参加した農家は各自で組織の機械を利用して作業していると考えられる。機械共同所有・共同利用が全体の約6割を占めているからである（**表1-3**）。

　第3に、担い手・集落営農組織への農地集積が17％ときわめて低く、その前提となる土地利用調整も全国、東北よりも低く5割程度となっていることも特徴である。

31

表1-2 秋田県の集落営農の特徴1（2008年2月1日現在）

		集落営農数	組織形態		活動範囲		参加農家割合	
			法人	非法人	1集落	5集落以上	50%未満	80%以上
実数	全国	13,062	1,597	11,465	9,886	868	2,631	6,763
	東北	2,825	244	2,581	2,123	147	662	1,205
	秋田	703	76	627	600	12	244	214
構成比	全国	100	12.2	87.8	75.7	6.6	20.1	51.8
	東北	100	8.6	91.4	75.2	5.2	23.4	42.7
	秋田	100	10.8	89.2	85.3	1.7	34.7	30.4

資料：農林水産省「集落営農実態調査結果の概要」
（http://www.maff.go.jp/toukei/sokuhou/data/syuraku2008/syuraku2008.pdf）

表1-3 秋田県の集落営農の特徴2（2008年2月1日現在）

		集落営農数	機械共同所有		営農一括管理	担い手・集落営農への農地集積あり	土地利用調整あり	主たる従事者		
			共同利用	オペレータ組織が利用				なし	1～4人	5人以上
実数	全国	13,062	6,387	5,299	3,505	3,360	8,073	3,182	6,314	3,566
	東北	2,825	1,187	900	737	1,197	1,967	378	1,539	908
	秋田	703	405	182	235	122	382	40	498	165
構成比	全国	100	48.9	40.6	26.8	25.7	61.8	24.4	48.3	27.3
	東北	100	42.0	31.9	26.1	42.4	69.6	13.4	54.5	32.1
	秋田	100	57.6	25.9	33.4	17.4	54.3	5.7	70.8	23.5

資料：農林水産省「集落営農実態調査結果の概要」
（http://www.maff.go.jp/toukei/sokuhou/data/syuraku2008/syuraku2008.pdf）

注
1）『平成18年集落営農実態調査報告書』農林水産省統計情報部、2007年8月。

第2章

秋田県北部地域（鹿角市・大館市・八峰町）の集落営農組織（非法人）

　本章では、秋田県北部地域における集落営農組織、具体的には鹿角市のNHファーム、大館市のNK営農組合、八峰町のMSファームの3組織をとりあげる。いずれも品目横断的経営安定対策を契機として小規模・兼業農家も取り込んで設立された枝番管理の集落営農組織（非法人）であり、秋田県では典型的な事例と位置づけられる。

　それぞれの組織の構成員の経営調査、ならびに意識調査を実施し、集落営農組織の抱える課題を考察した。

1．鹿角市における集落営農の展開

（1）N集落の概要

　N集落は鹿角市の中心部から15kmほど南に位置する。2005年農業センサス集落カードでは、販売農家数26戸のうち専業農家はなく、第一種兼業農家5戸、第二種兼業農家21戸となっている。経営耕地規模別では1ha未満9戸、1～2ha層9戸、2～3ha層が3戸、3～5ha層4戸で、もっとも規模の大きい1戸は10ha以上となっている。集落の水田面積は60haで、畑地面積は1.3haにすぎない。基盤整備は1975～85年にかけて取り組まれた当時のままであり、圃場も30a区画となっている。

　2008年11月時点では、N集落の総世帯数は32戸で、農家数は23戸、土地持ち非農家が9戸であった。農家のうち認定農業者は6戸で、経営類型は米専作が1戸で残りは野菜（きゅうり、トウモロコシ）や花卉、畜産（肉牛肥育）といった複合部門が主力となっている。

N集落では、1976年にミニライスセンターと４条刈りコンバイン２台を導入して、集落内を対象に米の収穫受託および乾燥・調整を行うN生産組合（以下、N組合と表記）が、認定農業者４戸を含む15戸の農家で組織された。構成員は稲収穫や乾燥・調整いずれかの作業に従事しなければならなかった。水稲収穫および乾燥・調整の作業受託は進展していたが、品目横断的経営安定対策への加入を目指して、当集落でも2007年３月に集落営農組織NHファームが新たに設立された。

　集落の農家23戸のうちNHファームに参加した農家は18戸であった。参加に際して１戸当たり１万円の拠出を求め、それを当面の運転資金とした。N組合に参加している認定農業者４戸のうち２戸はNHファームに参加していない。NHファームに参加した構成員の水田経営面積をあわせると30haになり、水稲作付面積は18haである。

（２）NHファーム

１）事業内容

　NHファームの事業内容は、米の共同販売、生産資材の共同購入および転作受託である。NHファーム所有の機械は一切ない。

　構成員は基本的に自己完結的な経営を行っているが、米の収穫および乾燥・調整についてはN組合が担当し、米はNHファームで共同販売を行う。ただし、米の収穫については一端NHファームが受託し、それをN組合に再委託するという形をとっている。

　転作については当集落ではバラ転で対応しており、どこに何を作付けるかは各農家にゆだねられている。基盤整備が早い段階で入ったものの、その後の整備が実施されなかったことによって排水不良などが解消されておらず、圃場条件の差が大きいからである。したがって、調整水田や自己保全管理で転作対応している農家も少なくなかったが、そうした農地についてはNHファームが転作を請け負うこととした。2008年度に転作受託した面積は4.3haで、そこにトウモロコシ102a、そば２ha、枝豆19a、菜の花95a、せり９aを作付

第2章　秋田県北部地域（鹿角市・大館市・八峰町）の集落営農組織（非法人）

けている。

　この転作受託地での作付けに際して、バラ転にはなっているが、できるだけ団地化しようと、構成員でない認定農業者などが転作している農地と隣接した転作地には、その農家と同じ作物を作付けることにしている。

　転作作業については集落の高齢者を中心的に、時給400円で作業してもらっている。機械が必要な作業については持ち込みしてもらい、機械借りあげ料として10a当たり1,000円を支払う。取り組みが始まったばかりでまだ収益事業になるかわからない段階であり、このような低賃金になっている。

　役員は5名で2年任期である。60代は1名のみであり、40～50代を中心とした役員構成となっている。役員報酬は1人年間3万円とかなり抑えられている。

　活動初年度である2007年度の収入は約2,500万円あった。販売収入合計は1,700万円であり、米が1,600万円、トウモロコシ32万円、枝豆23万円、そば6万円、せり2万円となっている。その他に米の収穫、乾燥・調整にかかる作業受託収入が420万円（最終的にはN組合に支払う）あり、この他に産地づくり交付金が102万円、雑収入（鹿角市の助成である集落営農育成支援金が10aにつき1万円）299万円であった。

　支出は約2,200万円あって、主な内訳としては労賃が600万円、管理料550万円、資材費490万円であった。米販売代金を構成員に分配する際に資材代、拠出金等を除いて労賃（機械作業部分）および管理料（水管理、畦畔管理）という名目で支払っている。

　差し引き300万円ほどの黒字になったが、それについては内部留保し、今後の機械購入等に充当する計画のようである。

2）NHファームの構成員

　2008年11月にNHファームの構成員18戸すべての経営調査を実施した（**表2-1、表2-2**）。NHファームには2戸の認定農業者が参加しているものの、1戸は経営主が農外就業に従事しており、もう1戸は定年を迎えて農業専従

第Ⅰ部　品目横断的経営安定対策と集落営農組織

表2-1　NHファーム構成員の経営概要（1）

農家番号	家族数	家族労働力						他産業従事					農家の属性	NHファーム役職
		世帯主	その妻	後継者	その妻	父	母	世帯主	後継者	その妻	世帯主の妻	後継者の妻		
A	1	59C100		他出（埼玉県）				工務店の現場作業員						組合長
B	8	58C180◎	53A250	33C3	33D		76A250	森林組合	測量会社			会社員	認定農業者	
C	3	?C60	49D	大学生（宮城県）			77E	土建業			保母			監事
D	7	48C80◎	47D	3人娘・学生		72A80	70A80	自動車教習所教官			看護士			
E	6	44C60	40C20	18E			71A100	介護施設職員			介護施設職員			会計
F	5	44C150◎	44C30				67A250	JA			工務店勤務			監事
G	5	47C?	49C?	24D	次男 20D		73E	森林組合	ビル管理会社		建築会社事務	次男パート		
H	5	54C50	50C50	29C4	三男 23C4		78E	建設業労働者	電気工事		縫製工場	三男・電気工事		
I	2	60C50	57A30					建設業労働者						
J	5	62C100	58C30	30C10		93E	85E	屎尿処理事務	アルバイト		土建会社事務	問屋勤務		副組合長
K	3	65A100◎	63A30	34C2				60歳までは兼業	JA			同屋勤務	認定農業者	
L	5	34C160	38E	4E			55B180	JA			米集荷業の季節従業員	母・ビル管理会社のパート		
M	5	64C100◎	62A250	44C30	43C30			日雇い	車の解体工		縫製工場事務			
N	5	65B?◎	55A?	長女 25E			80E	電気工事			弟・土建業			
O	5	73A?◎	80E	第 50E	47C10			農業資材販売店	会社員		土建会社事務			
P	4	43C?	38D	47C10			68A?	建設業労働者			看護士		認定農業者	
Q	3	51C150◎	52D				78E	自動車学校教官			建設業事務	ホテル従業員		
R	7	48C?	46D	22D	21D	伯母 80E	68A?（畑仕事のみ）		居畜・解体・加工企業勤務		介護士			

資料：農家調査による。
注：家族労働力の項目では、年齢、従事状況、従事日数の順になっている。従事状況の記号は、A：農業のみ、B：農主農従、C：他産農従、D：他産業のみ、E：無就業・家事育児である。◎は経営主

第２章　秋田県北部地域（鹿角市・大館市・八峰町）の集落営農組織（非法人）

表2-2　NHファーム構成員の経営概要（2）

農家番号	水田経営面積（a）				作付面積（a）		機械装備状況					N組の稲収穫、乾燥・調整作業への出役	NHファームへの転作委託	総販売額
	計	自作地	借地	米	その他	トラクター	田植機	コンバイン	乾燥機	籾摺機	精米機			
A	386	206	180	256	34aは管理耕作、53aは相対で貸し付け	個人27ps1	個人6条1	個人3条1					43	260万円
B	350	190	160	230	かぼちゃ64a	個人26ps1	2人共有6条1					○	56	280万円
C	300	200	100	200	牧草35a、管理耕作30a、育苗ハウス5a	個人29ps1	個人6条1						30	180万円
D	250	250	0	177	23aは育苗ハウス	個人26ps1	個人6条1	個人3条1	1台・50a				50	160万円
E	230	230	0	130		個人26ps1	2人共有6条1（組合長）				自家用		100	100万円
F	179	29	150	69	花卉30a、牧草80a	個人30ps1、個人22ps1	個人4条1					○	0	98万円
G	146	109	37	61	とうもろこし52a、アスパラ27a	個人20ps1	個人6条1	個人3条1	最近壊れる				40	96万円
H	134	134	0	91	自家用野菜3a	個人28ps1	個人6条1						33	90万円
I	133	133	0	100		個人22ps1	個人4条1	個人4条1					0	84万円
J	113	113	0	68	とうもろこし21a、かぼちゃ9a	個人16ps1	個人5条1						13	70万円
K	110	110	0	74	かぼちゃ15a、アスパラ・トウモロコシ5a	個人20ps1	個人4条1					○	16	75万円
L	108	108	0	75	菜の花25a、ソバ8a	個人25ps1	姉夫婦と共有6条1						30	50万円
M	99	99	0	79	みょうが4a、アスパラ3a、自家用野菜3a、花2a	個人26ps1	個人6条1						8	72万円
N	97	56	41	11	スイートコーン75a、エダマメ11a	個人26ps1、個人12ps1	個人5条1			1台			0	58万円
O	95	95	0	65	水はけ転作18a、12aは相対で貸し付け	個人27ps1						○	0	53万円
P	75	75	0	55	とうもろこし20a	個人25ps1	個人5条1						0	61万円
Q	72	72	0	72	（とも補償で25aに稲付け）	個人20ps1	個人6条1					○	0	60万円
R	60	60	0	34	インゲン10a、キヌサヤ5a、自家用野菜8a	個人18ps1	個人4条1						3	自給

資料：農家調査による

になったものであり、総じて兼業農家が組織した集落営農組織といえる。兼業職種としては、土木・建設業の労働者といった不安定な職種が多い。

　経営主の年齢をみると、60歳以上が６戸にとどまり、比較的若い年齢構成になっている。

　水田経営面積は１ha未満が６戸、１〜２ha層は７戸、２〜３ha層に２戸、３ha以上層も３戸あるが、構成員の中でもっとも大きい農家でも386aしかない。水田借地がある農家は６戸で、借地面積が最大の農家でも1.8haとそれほど大きくはない。こうした借地はほとんどが親戚から頼まれたものであって、積極的な借地拡大はみられない。経営規模が４haに到達しない農家で構成された組織であり、個別で経営安定対策に乗れなかった農家が集まって組織化による対応となったものであろう。

　各農家の機械装備をみると、トラクター、田植機、コンバインが揃っている農家は４戸、トラクターと田植機の両方を所有しているのが12戸、トラクターのみの所有が２戸である。田植機を所有していない２戸はD農家に田植え作業を委託している。コンバインを所有していない12戸は、稲収穫作業と乾燥・調整をN組合に委託しており、コンバインまで所有している農家４戸のうち２戸はN組合への稲収穫および乾燥・調整の委託はなく、２戸については機械が壊れたため最近乾燥・調整を委託するようになったものである。

　機械の更新について聞いたところ、トラクターはほとんどの農家が個別に更新するというが、それ以外の稲作用機械は個別に更新せず、機械が壊れればそれについての作業を委託したいと考えている。委託先はNHファームとする農家がほとんどであり、今後NHファームが機械装備を整えさえすれば、作業受委託はかなり進むものと考えられる。

　調査農家の経営内容をみると、米に加えて転作として野菜や花卉が作付けられており、米以外を販売している農家が７戸あった。農産物の販売金額については、最も大きい農家でも280万円にとどまり、200万円を超える農家が２戸、100万円台が３戸であり、13戸は100万円に届かない。

　農外所得が農家所得の柱ではあるものの、農業所得は「ある程度の所得に

なる」「米が家計を助けている」と期待しているからこそ、「貸し付けするよりも自作した方が所得が大きい」という判断で自作を継続している。単に農地を管理していくことだけが農業経営継続の目的ではなく、農業所得が家計費を補うものとして期待されているのである。これは兼業職種が不安定かつ低賃金という兼業構造との関わりが強いと考えられる。

　ところで、転作をNHファームに任せている農家が12戸ある。NHファーム設立以前は、各農家が自己保全管理や調整水田で転作対応していた部分を、NHファームが引き受けて野菜生産を行っている。この転作委託に関しては、相対契約で小作料などの授受はなく、産地づくり交付金も個別農家にではなく、NHファームに入っている。また、そこで生産された農産物の販売代金もNHファームに帰属する。しかし、転作を委託する農家にとっては、農外就業との労働力分配の面から、個別に転作対応する手間が省ける点が評価されている。

　個別農家の今後の経営展開については、現状維持が17戸で、規模縮小も1戸あった。「米価が低くて米づくりに魅力がなくなった」こともあるが、「仕事との関係でこれ以上できない」など農外就業に従事しながらの農業であるため、現有労働力ではこれ以上の規模は無理だと考えている。これは農業後継者の確保とも関わっている。農業後継者を確保している農家は3戸にとどまり、あとの農家は未定も含めて農業後継者が確保できていない。

　したがって「米価がよくなったとしてもできない」と考えているようだ。こうしたことから、「他から頼まれてもやれない」など、借地の依頼があっても断るようで、規模拡大の可能性は構成員の中にはないようである。農業後継者が確保できなかった場合、農地はNHファームに貸し付けたいと考える農家が多数を占めている。

3）NHファームの課題

　N集落では、農業構造改善事業を契機としたN組合の設立によって、すでに稲作収穫作業の受委託がある程度進展していた。ただし、作業効率を上げ

るための農地の利用調整などはできていなかった。経営安定対策対応で集落営農組織を作る際、この作業受託組織であるN組合を母体とするのではなく新たにNHファームを別組織として立ち上げた。

　現在、N集落では、N組合とNHファームは別個に運営されており、水稲の収穫作業と乾燥・調整をN組合が受託し、NHファームはN組合への作業委託の調整および肥料・農薬の共同一括購入と、米の共同名義販売、それに転作受託を行っている。

　NHファームは、これまでの個別対応的な集落の水田農業のあり方にまったく変更を加えず、組織形態だけが整えられたものである。したがって、集落全体としての稲作作業の効率化のための調整や、転作の団地化も取り組まれないままである。

　構成員にとって、NHファームについて現時点でのメリットは、共同購入による資材費の低減と、NHファームが転作受託することで転作対応の手間が省けた点をあげている。とくにそれまで自己保全管理や調整水田での転作対応だったものが、NHファームが設立されたことで作物転作に移行しており、土地利用率の向上につながっている点は評価されてよい。また、将来的には農地の受け皿という期待は強い。

　ただ、現状では集落営農の組織化によるメリットは構成員農家にとってそれほど実感があるものではなかった。しかしながら、集落営農の組織化によってようやくスタートラインに立ったわけで、今後の展開次第では、より組織化のメリットを発揮することが可能であり、そのためには効率的な営農活動に向けた取り組みが課題となってくる。

　今後の課題の第1は、法人化への移行である。経営安定対策に対応するための組織化でもあり、その要件達成には法人化は必須事項であるが、それだけにとどまらず地域からの要請もある。構成員農家は高齢化や後継者不足、農外就業との関係による労働力不足、低米価などの要因で今後の経営展開について現状維持を考えており、少なくとも構成員の中には農地の受け皿になる農家はいない。特に農業後継者がいない農家が多く、農地の出し手は今後

第2章　秋田県北部地域（鹿角市・大館市・八峰町）の集落営農組織（非法人）

増えてくることが予想される。そうしたことから、将来の農地の受け皿、地域農業を担う主体はNHファームだと考える農家が12戸もあった。将来的な農地の受け皿としての期待に答えるためにはNHファームの法人化が急がれる。

　第2の課題は作業受託の展開とオペレーターの確保である。NHファームの構成員はトラクター以外の機械更新を考えておらず、今後作業受託は進展すると予想される。とりわけ田植えに関する作業受託の要望は高まっており、その引き受け手としてNHファームが期待されている。問題は作業受託の担い手としてのオペレーターの確保である。NHファームで新たに機械を導入し作業受託を行うとしても、そうした作業をN組合でオペレーターを担当している農家にすべて任せることができるのか疑問である。なぜなら現在、N組合で機械オペレーターを担当している農家の中に積極的にオペレーター出役を拡大したいと考える農家はいないからである。構成員の中からオペレーター候補を探すにしても、ひとつは農外就業との労働配分、もうひとつはオペレーター賃金の水準との関わりで難しそうである。特に賃金水準については、現在N組合のオペレーター賃金が日当8,000円であり、これは「土方の給料と同じで低いと思う。1万円くらいないと若い人はやってくれない」との意見がある。オペレーターを確保していくためには日雇い賃金よりも高い水準を設定する努力が求められるが、そのためにはさらなる効率的な運営によって収益確保していくことが重要であろう。

　収益確保と関わって第3に、農地利用の効率化すなわち農地の利用調整についての課題がある。個別経営のままでは分散していた水稲作付圃場や転作圃場を、農地の利用調整を行うことで数カ所にまとめたうえで大型作業機械を導入し、個別の所有農地に縛られない効率的作業体系を構築することで、農作業の省力化と作業効率の向上による生産コストの削減につなげていくことが必要だろう。そこから発生した余剰労働力は、団地化された転作圃場において、収益作物である野菜や果樹などの園芸部門に向けることで農業の複合化が展望される。

構成員の稲作部分については基本的にそれぞれの農家が個別に作業している。N組合の作業受託についても、個人ごと、圃場ごとに収穫、乾燥・調整が行われており、決して効率が良いとはいえない。農地の利用調整および米のプール計算によって個々の経営地（所有地）にこだわらない作業順序・管理が可能な条件が整い、稲作の低コスト化を追求することができる。これは転作にも効果的で、現在、個別の経営地の中で条件の悪い圃場が転作に回されており、バラ転で生産性も低く、収益事業として確立していない。転作を団地化することができれば、より効率的に転作対応が可能になると考え、そこから地域農業の複合化につながるものと期待したい。いずれにしても、効率的な営農活動や農業の複合化は農地の利用調整ができてはじめて展望できるのではないだろうか。

2．大館市における集落営農の展開

（1）NK集落の特徴

NK集落は大館市比内町に位置する。大館市は2005年に旧大館市、田代町、比内町が合併して誕生した。経営耕地面積は7,840ha、水田面積6,864haで、主な転作作物は大豆161ha、飼料用米97.6ha、牧草68.8ha、ソバ59.7ha、エダマメ51.2haである。認定農業者は351（個人344、法人7）で、集落営農組織は16組織が活動している（平均面積36.6ha）。水稲作付面積に対する担い手カバー率は認定農業者31％、集落営農組織11％である。小作料水準は10a当たり1万円～1.5万円となっている。

NK集落は大館市中心部から南に15kmほどのところにある。農業センサスでは平坦地となっているが、圃場は緩やかな傾斜となっている。水田面積は101haで、農家戸数47戸（総世帯数140戸）である。NK集落には集落営農組織（NK営農組合）が1つと、稲の収穫受託組織が1つある。NK営農組合（以下NK組合）に加入している農家は34戸で、NK組合に加入していないのは13戸である。組合に加入していない農家のうち5戸は第二次構造改善事業でミ

第2章　秋田県北部地域（鹿角市・大館市・八峰町）の集落営農組織（非法人）

ニライスセンターを設置し、稲の収穫受託組織を立ち上げている。残りの8名は高齢農家や全作業委託農家である。NK組合への不参加農家の中に経営規模が4haを超える農家はいない。

基盤整備は1970年に構造改善事業で実施された以降は実施されておらず、30a区画が95％、10a区画が5％となっている。排水不良田が少なくなく、大豆はほとんど作付けられていない。転作は自己保全管理が多く、ブロックローテーションの取り組みもなく、バラ転である。水稲の単収は10a当たり520kgで、実勢小作料は1万円とのことである。

（2）NK営農組合の設立の経緯

NK組合は2006年12月に設立された。品目横断的経営安定対策が登場した時に、4haという規模要件をクリアできない農家が多かったため、政策対応を目的に集落営農組織を設立しようという話になり、JAの指導のもと話し合いを重ね、組織設立にいたった。NK組合は任意組合の枝番管理組織[1]である。設立当初の参加農家は37戸であったが、農家の高齢化と後継者がいない農家が離農したため、現在の構成農家は34戸である。設立してすぐの2007年に夢プラン事業[2]で4条刈コンバインを1台導入している。

（3）NK営農組合の事業内容

2011年のNK組合の集積面積（構成員の面積）は57haである。対象作物および面積は水稲32.5ha、飼料用米3.9ha、とんぶり1.9haである。転作対応では、NK組合が構成員から自己保全管理による対応であった水田を相対で借り、新たに飼料用米やとんぶりによる転作対応をはじめている。

NK組合所有の機械は4条刈コンバインのみ（設立の際に購入）である。この機械をつかってオペレーターが作業している。オペレーターは4名で、オペレーター賃金は機械作業が日当1万円、補助作業が8,000円である。オペレーター作業は稲（飼料用米を含む）の収穫に関する作業のみで、他の稲作基幹作業は構成員間の相対（NK組合を通しておらず、作業受委託の調整

第Ⅰ部　品目横断的経営安定対策と集落営農組織

などにNK組合は関与していない）である。なお、とんぶり作業は共同作業となっている。

2010年度の収入は2,615万円である。内訳は米販売代金2,044万円、とんぶり販売代金37万円、飼料用米販売代金21万円、稲収穫受託155万円、助成金358万円である。一方の支出は2,421万円である。支出のうち、1,138万円は米販売代金として構成員に戻されたものである。また71万円が人件費として、

表2-3　NK営農組合の構成員の現状

農家番号	同居家族数	家族労働力					
		世帯主	その妻	後継者	その妻	その他家族	
A	5	60A250	56A250	36C30	39D	孫10	
B	4	61C100	56A30	29C20		母78E	
C	6	72A200	67A10	45D	40D	長男の長男15E	長男の長女10E
D	2	75A200	70A200				
E	10	65A300	64A300	37C100	36A60	長女36C60	母92E
F	2	72A200	68A200				
G	5	57C180	48C60	23C30		父85E	母80E
H	3	60A300	56A300			母82A150	
I	6	71A200	70A150	46C10	46D	長男の次男17	長男の長女14
J	3	58C200	56D			次女28D	
K	6	72A150	69A50	42C10		長男の長男23E・次男13・三男7は学生	
L	1	68A120					
M	3	76A120	68A120			娘46D	
N	6	62C200	63A100	27C10	25D	孫6歳と5歳	
O	2	79A200	79A200				
P	6	69B130		43C2	41D	弟65A130	孫10、8
Q	2	66B270				母86E	
R	4	60C60	63D			次女34D	母86E
S	5	68C60	64C50	43E（病気療養）	41D	孫11	
T	2	79A200	76A200				
U	3	73A100	69A100			母94E	
V	3	69E	66A60	41C7			
W	8	77A150	75A150	54D	52C14	孫女28D、孫の夫29D、孫女24D、ひ孫2E	
X	2	47C7				母68A200	
Y	2	69A90	65A10				
Z	2	86A30	85A30				
Aa	2	48C5				母75A30	
Bb	1	67D					
Cc	5	74E	72E	52D	35E	孫4	
Dd	1		81E				
Ee	5	52D	57D			母73E	長女18、次女16

資料：農家調査により作成。
注：1）家族労働力の項目では、年齢、従事状況、従事日数の順になっている。従事状況の記号は、
　　　A：農業のみ、B：農主他従、C：他主農従、D：他産業のみ、E：無就業・家事育児である
　　2）農家番号の網掛けは、農作業の受託を行っている農家である。

第2章 秋田県北部地域（鹿角市・大館市・八峰町）の集落営農組織（非法人）

オペレーター作業やとんぶりの出役労賃として支払われている。経常利益は194万円であった。

（4）構成員の特徴

2011年8月に、NK組合に加入している構成員34戸のうち31戸に聞き取り調査を行った（4戸は調査時点では土地持ち非農家であったが、前年までは

他産業従事		認定農業者	農業後継者の確保の見通し	水田経営面積		今後の経営展開
世帯主	後継者				借地	
	墓石販売店	○	○	1,120	720	拡大
生コン工場オペレーター	機械メーカー	○	○	625	220	定年になったら拡大
退職	縫製業企業	×	×	450	250	縮小
退職		○	×	430	240	現状維持
退職	自動車整備士	○	○	400	130	現状維持
退職		×	未定	361		現状維持
ガソリンスタンド従業員	トタン販売会社勤務	×	未定	300	250	現状維持
退職		×	○他出先から戻る	230	100	現状維持
退職	大館市役所	×	×	200	24	現状維持
大工自営		×	×	198	8	拡大。あと1ha
退職	石材店	×	未定	183	23	縮小
退職		×	×	180	60	現状維持
退職		×	×	168	107	現状維持
土建業の臨時雇	ガソリンスタンド	×	○	130		現状維持
退職		×	○他出先から戻る	110	26	現状維持
冬期のみ建設労働者	水道工事会社	×	×	102		現状維持
建設業自営		×	×	91	13	現状維持
JR職員		×	×	80		現状維持
温泉施設管理		×	×	70		現状維持
退職		×	○他出先から戻る	62	12	現状維持
退職		×	×	47		現状維持
退職	バスの運転手	×	×	40		縮小
退職	工務店勤務	×	○	40		現状維持
金属加工メーカー		×	×	38		現状維持
退職		×	×	38		現状維持
退職		×	×	30		現状維持
リサイクル関係		×	×	25		現状維持
自動車整備工場を自営		×		Aに50a貸付		
退職	ストーブボイラー修理自営	×		Aに46a貸付		
		×		Kに30a貸付		
建設業		×		集落営農の構成員外に27a貸付		

45

農作業を行っていた)。この調査結果（**表2-3**）をもとにNK組合の構成員の現状をみていくと、次のようにまとめられる。

　第一に、他産業をリタイヤした農業者によって地域農業が支えられている。男子農業専従者がいるのは17戸である。昔から農業専従であった1戸をのぞき、他産業に従事していたが、定年をむかえて農業専従となっている。男子農業専従者は一番若くて60歳で、17戸のうち15戸が65歳以上、70歳以上も10戸ある。農業専従者の高齢化が進んでいる。

　第二に、後継者は他産業に従事しており農業従事日数は少ない。男子同居跡継ぎがいるのは13戸（土地持ち非農家1戸を含む）で、跡継ぎの年齢構成は20代が3名、30代が2名、40代が6名、50代が2名である。跡継ぎは恒常的勤務の他産業に従事している。このうち農業に従事しているのは9戸であるが、農業従事日数は1戸をのぞき年間30日以下である。なお、期待もこめて「農業後継者がいる」と回答したのは8戸であるが、このうち3戸（H、O、T）については後継者が他出している。また同居しているものの、農作業には一切関わっていないのも1戸（W）ある。つまり、農業後継者を確保できるといっても、多くの場合、後継者が他産業を定年した後に就農することを期待してのことであろう。

　第三に、作業受委託が進展している。主要機械の所有状況（カッコ内は今後個別に更新予定の農家数）では、トラクターが23戸（4戸）、田植機が16戸（3戸）、コンバインは12戸（2戸）である。所有していない機械の作業は構成員間での受委託で対応している。農作業の受け手は7戸（A、C、D、E、J、K、L）であるが、一番若いJ農家で58歳、残りの6戸は60歳以上で、70歳以上も4戸となっている。今後、個別に機械を更新する意向をもった農家は少ないため、作業委託は今後いっそう進展することが予想される。

　第四に、親戚からの借地が多い。借地をしているのは15戸である。借地面積は1ha未満が7戸、1～2haが3戸、2～3haが4戸、7ha以上が1戸である。借地の地権者は親戚（本家・分家）が多く、例えば借地面積が最大であるA農家は、6人の地権者から借地しているが、このうち5人までが親

第2章　秋田県北部地域（鹿角市・大館市・八峰町）の集落営農組織（非法人）

戚である。これまでの農地流動化は血縁関係によるところが大きかったといえる。

　第五に、規模拡大を志向する農家は少数である。今後、経営規模を拡大したいと考える農家は3戸（A、B、J）である。J農家は家族労働力が1人という制約もあって、拡大はあと1haほどであるが、B農家は定年後に農業専従する意向をもっており、10ha以上に拡大したいと考えている。他方で、現状維持を考えている農家が21戸ある。これらについて、11戸が高齢一世代の家族労働力しか保有しておらず、農業後継者確保の見通しもたっていない。規模縮小を考える農家3戸を含めれば、近い将来農地の出し手は増えてくることが予想される。しかし、受け手不在の状況もみられ、例えば土地持ち非農家となったEe農家は集落営農の構成員内に農地の受け手が見つからなかったため、やむなく構成員外の農家に貸し付けたという。

　第六に、生産調整は不作付けが多い。調査農家の水田経営面積の合計は57.5haで、このうち主食用米の作付けが34.3haで、生産調整面積は23.2haである。生産調整では不作付けによる対応が12ha（自己保全管理水田が11ha、調整水田が1ha）、野菜が5.2ha、飼料用米が4ha、とんぶり2haである。生産調整面積の半分が不作付けによる対応となっている。こうした対応を改善していくことが求められているものの、水稲作の劣等地で何年も自己保全管理で対応してきたため、地盤が固くなったり、木が生えていたりで、再び耕作できるようにするには費用もかかり、容易ではないという。自己保全管理を行うにも費用はかかるが、自己保全管理には補助金がでないため、耕作放棄に近い状態になる傾向にあるという。なお、自己保全管理水田で新たに飼料用米の取り組みを始めた箇所もあるが、そうした農地は自己保全管理であった期間が短いところであった。長期間自己保全管理で対応してきた水田の再耕作はそう簡単ではないというのが現状である。

（5）NK営農組合の課題

　機械の更新をしない農家が多いため、作業委託希望が増えてくると考えら

れる。また、後継者がいない農家が離農することで、農地貸付希望も増えてくる。ところが、農作業や農地の受け手となる農家は高齢化していることに加えて、規模拡大志向農家も少数である。農作業や農地の受け皿としての機能がNK組合に求められる。また、現状の枝番管理方式のままの活動では、参加メリットが弱いため、集落営農組織を組織化したメリットの発揮や、生産調整の強化に対応できるだけの転作作物の確立にむけた再編が課題である。具体的には、（イ）農地や作業の受け手となる担い手の育成・オペレーター確保、（ロ）希望する農家に農地や作業を集積させるための調整、（ハ）土地利用の効率化による組織化メリットの発揮、（ニ）転作の確立などが課題である。

3．八峰町における集落営農の展開

（1）MSファームの設立

　MS地区は中山間地域に位置し、4つの集落で構成されている。4集落をあわせて農家戸数は22戸、水田面積は50haとなっている。認定農業者は3名で、それぞれ経営面積は18ha、7ha、5haである。

　MS地区の水田は1970年代前半に基盤整備が実施された当時のままで、5～10a区画がほとんどである。水稲の単収は10a当たり420kgで実勢小作料は1万円である。転作では大豆は猿害があり、作付けてもほとんど収穫できないため、ソバで対応しているが、バラ転で団地化もなされていない。

　MS地区では2009年3月に集落営農組織であるMSファームが設立された。高齢者がリタイヤしていく中で、後継者がおらず、地域農業の衰退の危機感が高まっていたときに品目横断的経営安定対策の話があり、同対策にのるため、2007年の設立を目指して話し合いを重ねたが、合意がとれなかったという。そうした中、2008年にJAを早期退職し農業専従となった、地域の中では若い農業者が音頭をとって話し合いを続けた結果、19戸の農家が賛同し、MSファームの設立にいたった。現在は、高齢化によって構成員に農地を貸

し付け離農した農家が1戸あるため、構成員は18戸である。MSファームの集積面積は40haである。MSファームに参加していない農家4戸のうち1戸は5ha規模の認定農業者で、残り3戸の経営面積をあわせても5ha程度である。

ファーム所有の機械はコンバイン1台とネギ関係の機械（皮剥ぎ機、掘取機、結束機、管理機）である。構成員は個別に機械を装備しており、作業も個別に実施している。MSファームはいわゆる枝番管理方式の集落営農組織である。機械を所有していない農家は個別に構成員に作業委託しているが、ファームを通しておらず、料金は個別に支払っている。

2011年のMSファームの集積面積（構成員の面積）は40haである。ファームの対象作物および面積は水稲21.5ha（うち加工用米1.4ha）、ソバ4.4haである。

（2）構成員の特徴

2011年8月に、MSファームに加入している構成員18戸のうち17戸に聞き取り調査を行った。この調査結果（**表2-4**）をもとにMS地区の農業の現状をみていくと、次のようにまとめられる。

第一に、農業従事者は比較的若い。経営主の年齢は30代が1戸、40代が2戸、50代が6戸、60代が5戸、70代が3戸と、若い経営主も少なくない。農業に専従している経営主がいる農家は5戸で、50代が2戸、60代が1戸、70代が2戸である。このうち1戸のみが一貫して農業専従であるが、残りの経営主はかつて農外就業に従事し、定年後に（1戸は早期退職して）農業専従になったものである。

第二に、農業に従事する男子後継者は少ない。男子同居跡継ぎがいる農家は6戸で、跡継ぎの年齢構成は10代が1名、20代が1名、30代が3名、50代が1名である。跡継ぎは10代の学生を除けば、アルバイトが1名いるが、その他の4戸は恒常的勤務の他産業に従事している。男子同居跡継ぎのうち農業に従事しているのは3戸にとどまり、従事日数もわずかである。将来的に農業後継者を確保できるとする農家は3戸しかなく、うち1戸は他出後継者

第Ⅰ部 品目横断的経営安定対策と集落営農組織

表2-4 MSファームの構成員の現状

農家番号	同居家族数	家族労働力 経営主	その妻	後継者	その妻	その他家族	他産業従事 経営主	後継者	認定農業者	農業後継者	水田経営面積	借地	今後の経営展開
A	5	50A250	48D	27D		父74E	早期退職	下水道処理施設アルバイト	○	○	1828.7	1721	現状維持
B	3	52A270				父85E	運送会社社長距離ドライバー		○	×	697.6	623.8	現状維持
C	3	54C120	50C10			母78E	左官自営		×	×	215.4		現状維持
D	2	59C240	57C30			母80E	自動車販売会社		×	×	169.1	106.6	拡大、あと1ha
E	7	44C200	38C100	長男16		母72E、伯母62E、長女18、次女14	社会福祉協議会会員	学生	×	×	144.5	10	現状維持
F	2	62C200	59C35				退職		×	×	115.1		縮小
G	3	66A200	62E	38C2			建材店勤務	携帯電話部品製造業	×	未定	112.2	39.7	現状維持
H	5	33C60	31C4			長男6、次男1	八峰町役場		×	未定	107.5		現状維持
I	5	51C180	50C20	三女14		母55C100	退職		×	×	99.8		現状維持
J	6	76A180	75A180	51D	46E	父78A20	車の修理	郵便局員	×	×	77.6		現状維持
K	2	63C200	63A10			小1女	役場臨時職員		×	○	77.1		現状維持
L	2	45C10				母78A200			×	×	71.7		現状維持
M	1		77A200						×	×	67		現状維持
N	5	63C240	57C30	35C10		次男32C10	父89E	大工（工務店）	オリエンタルモーター	×	×	64	現状維持
O	2	75A200	71A100				退職		×	×	50.8		離職
P	2	54C200	55C20				町議		×	×	49.2		農
Q	4	62C150	57C70	33C3	33C3		白神体験センター臨時職員	町役場	×	×	44.7		現状維持

注：1）家族労働力の項目では、年齢、従事状況、従事日数の順になっている。従事状況の記号は、A：農業のみ、B：農主他従、C：他主農従、D：他産業のみ、E：無就業・家事専従である。
　　2）農家番号の網掛けは、農作業の受託を行っている農家である。

第 2 章　秋田県北部地域（鹿角市・大館市・八峰町）の集落営農組織（非法人）

が戻ってくることを期待してのものである。

　第三に、基幹3作業は個人作業が中心である。構成員の多くは個別に機械を装備しており、基幹的作業は個人で行っている。主要機械の所有状況では、トラクターが16戸、田植機が15戸、コンバインが13戸である。所有していない機械の作業はA農家に作業を委託している農家が2戸で、残り2戸は構成員外へ委託している。また、乾燥機は14戸が所有しておらず、11戸がA農家に乾燥・調整を委託している。なお、構成員間の作業受委託は組織を通さず、相対で行っている。機械を個別に所有している農家のうち、今後個人で機械を更新しようと考えている農家は、トラクターで3戸（D、K、Q）、田植機で2戸（D、K）、コンバインで3戸（D、K、G）であり、ほとんどの農家は機械の更新を考えておらず、作業委託が今後増えてくることが予想される。

　第四に、JAを早期退職した農業者が地域農業を牽引している。MS地区で最大規模の認定農業者であるA農家（50歳）は47歳までJAに勤めていた。A農家がJAに就職した当時は自作地70aのみであったが、周りの農家の離農が増えてきて、受け手がいない状況で、A農家が引き受けることが多くなり経営面積が拡大してきた。金融担当から営農担当への部署移動で、営農の勉強を積み、農業のみでも十分に生計をたてられると考え、JAを退職し、農業専従となった。地域の農地を荒らしたくないという思いも強かったという。

　A農家は経営面積18haのうち、主食用米生産は5haに抑え、残りを転作対応している。これは生産調整を多く引き受けることで、「とも補償」が可能になり、小規模農家は主食用米を多く作ることができ、農地荒廃の防止につながっている。

　第五に、担い手層の農地集積は限界にきている。今後の経営規模を拡大したいと考える農家は1戸（D農家）しかおらず、拡大面積もあと1ha程度である。ほとんどの農家は現状維持を考えており、高齢化で規模を縮小、あるいは離農したいとする農家も2戸いる。地区で最大の担い手であるA農家は労働力の限界で、これ以上の引受けは難しいとのことである。個別の担い手農家だけでは、高齢化や後継者不足によって、今後出てくるであろう農地を

（3）課題

　現在のMSファームの活動形態は個別経営の積み上げであり、組織化したといっても、共同作業や効率的作業体系への転換はなされていない。しかしながら、組織化したことによって集落内での話し合いが増えたことは、今後の集落農業について考える場がつくられたことであり、評価される。次のステップとしては、共同作業など集落営農として経営の内実を有する組織への発展である。その背景には、機械の更新を考えていない農家の多さがあり、作業委託希望が増えてくること、また、後継者がいない農家が離農することで、農地貸付希望も増えてくることが予想されるが、作業、農地ともに受け手となる農家はほとんどいない。まずは、作業を請け負う人（オペレーター）の確保と農地の受け皿づくりを進め、土地利用の効率化や転作・複合化の確立を図っていくことが課題となろう。

　また、調整水田や自己保全管理水田の改善も必要である。現在、自己保全管理水田は約3haほどある。生産調整は強化される見通しであり、生産調整が拡大すれば、調整水田や自己保全管理による対応はもっと増える可能性が高い。不作付けによる生産調整対応をいかに改善していくかが問われている。

注
1）枝番管理組織とは、経理の一元化（共同販売経理）といっても、実際は農家ごとに計算しており、また、組織化したといっても個別による営農が継続されている組織のことである。第43回東北農業経済学会岩手実行委員会『集落営農組織の現状と展開方向—岩手県における集落営農組織の調査分析を中心として—』第43回東北農業経済学会岩手大会報告書、2008年、p.3が詳しい。
2）秋田県では2000年から農業経営の複合化、戦略作物の規模拡大に必要な機械導入に対する支援事業として「夢プラン事業」と銘打った園芸振興事業を継続的におこなっている。

第3章

秋田県中央・沿岸地域（潟上市・由利本荘市）における集落営農組織（非法人）

　本章では、秋田県中央・沿岸地域における集落営農組織、具体的には潟上市のNY営農組合、由利本荘市のK営農組合の2組織をとりあげる。ともに枝番管理の集落営農組織（非法人）である。それぞれの組織の構成員の経営調査を行い、集落営農組織の抱える課題を考察した。

1．潟上市の集落営農

(1) NY集落の特徴

　NY集落は秋田市に隣接する潟上市に位置する。NY集落から秋田市中心部まで約20kmの距離にあり、車で約30分の通勤圏内にある。平坦地ではあるが、扇状地の扇頂部に位置するため、集落の周りには里山がせり出しており、山に近い農地で耕作条件が悪くなっている。

　農家戸数は27戸で、このうち認定農業者（経営類型は稲作＋転作大豆）は3戸である。NY集落は秋田市に近く、兼業機会に恵まれており、27戸の農家全てが兼業農家であって、3haを超える農家は2戸しかない（最大規模は3.5ha）。27戸のうち3戸の認定農業者を含む23戸が集落営農組織に参加している。

　NY集落の水田面積は29haで、27haまでが集落営農組織によってカバーされている。残り2haを集落営農組織に参加していない4戸の飯米農家が耕作している。

　基盤整備は1950年代に実施されたが、その当時の基盤整備は5〜10a区画であった。そのため、農家は独自に基盤整備を実施しており、8割の水田が

20a区画にまで改善されているものの、2割は当時のままの5〜10a区画である。水稲の単収は540kgで実勢小作料は1万5,000円である。

（2）NY営農組合の設立経緯

　NY集落では1970年から75年にかけて兼業化が加速したことをうけて、稲作主要機械については数戸での共同所有が進んでいた。他方で、1972年に秋田県で取り組まれた「集落農場化育成対策」をうけて、当集落でも70年代半ばに、集落農家のほぼ全戸が参加した「NY集落農場組合」が設立された。活動は、トラクター牽引の防除機を共同で所有し、水稲の共同防除作業を行うところからスタートした。1980年代初頭には大豆転作の定着を目指して播種機、防除機、大豆刈取機を導入して、大豆の作業受託に取り組んだ。

　1991年には、構造改善事業でNY集落にミニライスセンター、農事集会所、運動公園を導入することになった。このとき、NY集落単独での事業採択は難しいとされ、旧村（4集落）を範囲に事業が実施されることとなった。この事業の受け皿として旧村を範囲とする「A水稲生産組合」を新たに立ち上げたが、実際の運営はNY集落農場組合のメンバーが担当することになった。つまり、A水稲生産組合とNY集落農場組合は別組織ではあるが、作業を担う主体は重なっている。水稲の収穫および乾燥・調整はA水稲生産組合が、大豆の基幹作業はNY集落農場組合が実施していた。

　こうした中、品目横断的経営安定対策が登場した。同対策に対応するためNY集落農場組合は2006年12月に「NY営農組合」に改組された。経営安定対策への加入を目的とした改組でありそれまでの活動内容を踏襲しつつ、新たに肥料・農薬の共同購入と、共同名義販売に取り組んだだけの枝番管理方式の運営形態でスタートした。

　この改組の際に、それまでNY集落農場組合に参加していた4戸が離脱した。離脱の理由としては、NY営農組合は将来的に法人化への移行が目指されたため、生前贈与の関係で、法人化に反対だったからである。

（3）NY営農組合の活動内容

　2009年度ではNY営農組合に参加している農家の水田面積をあわせると26.8haになる。作付けの中身は水稲が15.4ha、大豆が6ha、新規需要米（米粉）1.2ha、その他（一般野菜、調整水田、自己保全管理）4.3haである。転作はバラ転となっているが、大豆作については、ある程度団地化するための話し合いをしており、最大で1.3haの団地を含む4つの団地にまとまっている。ただし、大豆の団地は固定化されているため連作障害も発生してきており、大豆の単収は2009年度で77.2kg、08年度でも102kgと収量は高くない。

　NY営農組合の活動内容は、肥料・農薬の共同購入と大豆6ha分の基幹作業受託、および稲・大豆の共同名義販売である。経理を一元化しているが、個々の経営を単に積み上げただけの、従来の生産形態と実質はかわらない枝番方式である。

　2008年度の販売額は米で1,132万円、大豆で26万円であった。これに大豆作業受託収入147万円、産地づくり交付金287万円、大豆交付金（固定払い）182万円、経営安定対策補填金100万円等を含めた1,908万円が収入であった。

　支出の主な内訳は、種苗費50万円、肥料費116万円、農薬費159万円、オペレーター労賃113万円、リース料34万円、役員手当8万円等である。

　差し引き1,300万円が構成員に配分される。というのも、枝番管理方式であり構成員が持ち寄った農地は、基本的にそれぞれが作業・管理しているためである。

　ただし、構成員が機械を所有していない作業のうち稲作については、①構成員間の作業受委託で対応し、②稲収穫のみA水稲生産組合が行う場合が多い。①の構成員間の作業受委託は個人間の取引である。②については、NY営農組合とA水稲生産組合の間に作業の受委託契約はない。NY営農組合とA水稲生産組合の会計は別会計になっており、A水稲生産組合への稲収穫および乾燥・調整の委託料は各農家が利用に応じて支払っている。③大豆については、耕起作業のみ構成員が実施する場合もあるが、耕起以外の機械作業

はNY営農組合が行っている。先に述べたNY営農組合の支出のうち、オペレーター労賃は③に対してである。機械オペレーターは5名が確保されており、年齢構成は50代が3名、60代が1名、70代が1名である。オペレーター労賃の単価は大豆の耕起作業が10a当たり2,300円で、それ以外の基幹作業は時給1,000円である（なお、A水稲生産組合の時給は1,300円）。耕起作業料金のみ潟上市の協定賃金水準であるが、それ以外はやや高くなっている。

また、NY営農組合が所有する機械は大豆の播種・培土・防除の3作業が可能な管理機1台のみであり、大豆の収穫については、JA所有の収穫機を10a当たり6,300円でリースすることで対応している。したがって、先の支出ではリース料がこれに相当する。

構成員への配分額を単純に面積（水稲＋大豆）で割ると、10a当たり6万3,000円になるが、単収や品質のばらつきもあるため、構成員ごとで配分額は異なっている。個人やA水稲生産組合に作業を委託している場合はこの配分額の中から支払うことになる。

（4）NY集落の農家の存在形態

2009年7月に、NY営農組合に参加している農家23戸のうち19戸に聞き取り調査を実施した。調査結果は**表3-1**および**表3-2**に示す。調査農家の部門構成は米＋大豆経営が13戸、米のみの経営が6戸である。大豆を作付けていない経営は、自家用野菜の他に、調整水田や自己保全管理によって転作対応している。

水田経営面積は1ha未満が9戸、1～2haが5戸、2～3haが3戸、3～4haが2戸である（最大規模は3.5ha）。水田借地があるのは3戸にとどまり、借地面積も40aにとどかない程度である。農地の流動化は進んでおらず、自作地での農業を基本としている。

同居家族構成は3世代が4戸、2世代が10戸、1世代が5戸と、2世代割合が高い。家族労働力についてみると、2戸は2世代で2～3人が確保されており、12戸は1世代で2人、5戸は1世代1人の家族労働力しか有してい

第3章　秋田県中央・沿岸地域（潟上市・由利本荘市）における集落営農組織（非法人）

ない。

　家の跡継ぎは県内外へ他出しており、男子後継者と同居している農家は5戸（女子後継者同居も2戸のみ）しかなく、同居後継者の農業従事は1戸しかない。農業後継者を確保できるとする農家は1戸にとどまる。また、秋田市近郊に位置する農村ではあるが、世帯主層を中心に、収入が不安定な就業状況も少なくない。

　ところで、調査農家19戸は経営展開の違いを指標にすると以下の3類型に区分できる。第1が、NY営農組合あるいはA水稲生産組合に稲や大豆の基幹作業を委託する一方でそうした組織のオペレーターを担当している農家（類型Ⅰ）である。第2が、NY営農組合あるいはA水稲生産組合に稲、大豆の基幹作業を委託している農家（類型Ⅱ）である。第3はNY営農組合あるいはA水稲生産組合に基幹作業を委託せず、個別農家に委託している農家（類型Ⅲ）である。

　以下では類型ごとに経営の特徴を明らかにする。

1）オペレーター農家（類型Ⅰ）

　A水稲生産組合が実施する稲収穫およびN営農組合が実施する大豆の耕起、播種、収穫に関わる作業を担当するオペレーター5戸が類型Ⅰである。

　5戸のうち認定農業者が3戸いるが、それらを含めて農業専従者を確保しているのは〔②〕だけである。この農家も会社を定年後、農業専従になったものであって、もともとは農外就業が中心であった。

　この類型は、農業を中心的に担っているのは世帯主層であり、後継者世代の農業従事は〔①〕以外になく、後継者との同居も2戸にとどまっている。

　3戸は親戚・知人との共有あるいは個別にトラクター、田植機、コンバインを装備している。2戸はトラクターと田植機のみの所有であり、稲収穫はA水稲生産組合に委託している。また、5戸いずれも大豆を作付けており、大豆作業はNY営農組合に委託している。

　機械の更新を考えているのは2戸（②、④）だが、〔④〕は野菜づくりに

第Ⅰ部　品目横断的経営安定対策と集落営農組織

表3-1　NY営農組合構成員の概要（1）

農家番号	類型	家族数	家族労働力						他産業従事			オペレーター	組織委託
			世帯主	その妻	後継者	その妻	父	母	世帯主	後継者	世帯主の妻	後継者の妻		
①	類型Ⅰ	5	72B200	66A150	43C20	44D	孫17F	孫12F	市議会議員	秋田市役所	介護福祉士			○
②		2	68A100		28D	長女24D		77E	鉄塔建設関係	住宅販売の営業	保育士	長女フリーター	○	○
③		5	58C74	53C5				83E	水道設備員		市役所		○	○
④		3	57C30	57C10				86E	JA職員	サッシ工場			○	○
⑤		2	56C150											○
⑥		2	70A50	65A250/79A30					土地改良連合会					○
⑦		1												
⑧	類型Ⅱ	4	60C30	62A?	次女30?			78E	県庁職員		弱電関係営業			○
⑨		2		55C?				85E						
⑩		3	70A60	64A100					嘱託職員					○
⑪		4	59C160	53D			85A160	79A30	市議会議員		全農チキナーズ			
⑫		3	62C30	61A10			89E							
⑬		2	73C40	69A30										
⑭		3	78A30	75A30	50E					ハンディキャプ				
⑮		6	72B60	71B60	長女の夫47D	長女46D	孫21D	孫18F	建設業自営	道路公団	建設業自営手伝い	郵便配達下請けパート		○
⑯	類型Ⅲ	2	62C7		長女の夫38D	38D			大工自営	菓子メーカー		アルバイト		
⑰		4	66A?	67E				88E						
⑱		4	48C50	49C10	長女20F			71E	古紙の問屋		TDK			
⑲		2	70B180	62C20					林業一人親方		グループホームの介護士			

資料：農家調査により作成。
注：1）家族労働力の項目では、年齢、従事状況、従事日数の順になっている。従事状況の記号は、A：農業のみ、B：農主他従、C：他主農従、D他産業のみ、E無就業・家事育児、F：学生である。
　　2）農家番号の網掛けは認定農業者

第３章　秋田県中央・沿岸地域（潟上市・由利本荘市）における集落営農組織（非法人）

表3-2　NY営農組合構成員の概要（2）

類型	農家番号	水稲経営面積（a）			作付面積と販売額						総販売額	機械装備状況				稲作基幹作業の委託状況				
		計	自作地	借地	米	大豆	米粉米、そば	自己保全管理、調整水田	野菜等			トラクター	田植機	コンバイン	耕起	代掻き	田植え	収穫	乾燥・調整
類型Ⅰ	①	350	350	0	220a	90a		管理30a	自家用野菜10a		210万円	◎	◎	◎	○	○	○	○	□
	②	283	283	0	160a	92a	米粉15a				290万円	◎	◎	◎	○	○	○	○	○
	③	242	168	37	128a	78a			直売所出荷用野菜14a		180万円	○	○		○	○	○	□	□
											60万円								
	④	228	228	0	120a	19.7a		管理88a			75万円	○	◎	◎	○	○	○	○	○
	⑤	95	95	0	52a	43a						○	○		○	○	○	○	○
	⑥	341	304	37	217a	76a	米粉33a		野菜16a（直売所）		358万円	○	○	○	○	○	○	○	○
	⑦	191	191	0	133a	60a					175万円	◎	◎		△(5)	△(5)	△②	△②	□
											60万円								
	⑧	130	130	0	76.5a			管理53.5a			53万円	○	○	◎	○	○	△(5)	△	○
	⑨	110	110	0	80a	15a		管理10a	自家用野菜8a		27万円	○	○		○	○	?		□
類型Ⅱ	⑩	105	105	0	41a	20a	米粉18a		自己保全管理26a		90万円	◎	◎	◎	○	○	○	○	○
	⑪	85	85	0	52a	31a			自家用野菜2a		60万円	○	○		○	○	○	○	○
											47万円								
	⑫	71.8	71.8	0	38.9a	32.9a			自家用野菜7a		25万円	○	○	◎	△(3)	△	△(5)	△(3)	□
	⑬	60	35	25	25a	35a			桃8a		40万円				△	△	△	△	△
	⑭	58	58	0	26.2a			管理25.4a			0				△(実家)	△(実家)	△(実家)	△(親戚)	△
	⑮	52	52	0	43a	5a	そば30a				26万円	○	○	○	△	△	△(5)	△	○
	⑯	110	110	0	24a			管理8.5a、調整7.2a							△(3)	△(3)	△(3)	△	△
類型Ⅲ	⑰	43	43	0	27.5a														
	⑱	39.4	39.4	0	20.8a			管理15.8a	自家用野菜2.8a		12万円	◎(7)(9)	◎(19)	◎	△(3)	△(3)	△(3)	△	△
	⑲	22.5	22.5	0	22.5a						12万円	◎(7)(18)	◎(18)					△(18)	△(9)

資料：農家調査により作成。
注：1）機械所有、○は個人所有、◎は数戸共有を表している。共有の番号は共有相手が構成員の農家番号である。
　　　　　　　　　　　　　　　　　　　　　　　　　　□は水稲生産組合に委託、△は個人に委託である（番号は委託先農家）。
　　2）作業委託は、○が委託なし（個別に実施）、□は水稲生産組合に委託、△は個人に委託である（番号は委託先農家）。

必要なトラクターのみ更新する意向であった。〔②〕を除く4戸は、稲作基幹作業はいずれA水稲生産組合に委託する意向である。

水田経営面積は95～350aである。借地を行っているのは〔③〕の37aのみである。〔⑤〕を除けばNY集落の中でも規模の大きい農家がオペレーターを担当している。いずれも米＋転作大豆を基幹としているが、大豆作に向かない水田は自己保全管理や自家用野菜をつくっている。

農産物販売額は60～290万円である。〔①〕と〔②〕は農業からの収入は家計にとって重要であるとするが、それ以外の農家では農地管理の意味合いが強い。

オペレーター賃金の受取額は、〔③〕が40万円で最も多く、3戸は10万円前後で、〔①〕は約2万円である。頼まれてオペレーターになった農家が多く、オペレーター賃金水準に不満はないが、今後、出役時間を増やしてもよいとする農家は〔③〕のみである。ただし〔③〕は、農外就業を定年した後という条件つきであった。農外就業との関係でオペレーター出役を拡大したいという農家はいない。

また、オペレーター作業の他に〔④〕を除く4戸は個人的に作業受託を行っている。〔①〕は稲収穫を40a、〔②〕は田植え2ha、稲収穫2ha、〔③〕は耕起を3戸から80a、田植えを2戸から60a、〔⑤〕は耕起・代掻き80a、田植え80a、稲収穫2haである。

今後の経営展開はいずれも現状維持を考えている。中心的従事者が高齢化しつつあることと、後継者を確保できていないことが大きい（農業後継者を確保しているのは〔①〕のみ）。なお、後継者が確保できなかった場合はNY営農組合に農地を貸し付けたいと考えていた。

2）組織委託農家（類型Ⅱ）

この類型はNY営農組合あるいはA水稲生産組合に稲、大豆の基幹作業を委託している農家であり、このタイプには10戸が該当する。

農業に中心的に従事しているのは60歳以上である。農業専従者を確保して

いる農家は、農外就業を定年後に農業専従になったものである。同居後継者がいるのは3戸であるが、いずれも農業には従事していない。

　トラクター、田植機、コンバインを所有している農家は3戸で、トラクターと田植機所有が1戸、2戸はトラクターのみ、1戸は田植機のみで、農業機械をまったく所有していないのも3戸いる。機械は親戚や知人との共有が多い。機械を所有していない稲作作業はA水稲生産組合あるいは個人に作業委託している。機械所有のない農家も管理作業は個別に実施している。今後機械を更新しようと考えている農家はおらず、作業委託によって対応するとのことである。

　水田経営面積に1ha未満が5戸、1～2haが4戸、3～4haが1戸である。借地は2戸が行っているが、どちらも地権者は1名で、借地面積も40a未満と小さい。

　米＋転作大豆を基幹とする農家が8戸、米のみ（＋自己保全管理）が2戸である。大豆を作付けていない農家は、圃場区画も5～10aと小さく、かつ水田の水はけが悪いため、大豆を作付けることができない。

　経営面積の大きい2戸は農産物販売額も大きいが、それ以外の農家は100万円未満である。規模の大きい農家で農業からの収入はある程度の所得として期待されているが、小規模層では農地管理や飯米確保の意味合いが強い。

　機械を個別に装備・更新しなくても、基幹作業を委託することで過剰投資を避けるとともに、管理作業さえ担うことができる労働力を確保していれば農業継続が可能になっている。ただし、中心的従事者が高齢化している一方で農業後継者を確保している農家はいない。したがって、今後の経営展開ではいずれも現状維持であったが、農業後継者がいないため、将来的にはNY営農組合に農地を貸し付けたいと考えている。

3）個別委託農家

　NY営農組合あるいはA水稲生産組合に基幹作業を委託せず、自己完結的に農業を継続している農家や基幹作業を個別農家に委託している農家4戸が

類型Ⅲである。稲作作業は個別農家に委託するためA水稲生産組合との関わりがなく、また大豆を作付けていないため、NY営農組合にも作業委託していない。

農業従事は世帯主世代のみであり、後継者の農業従事はなく、農業後継者も確保できていない。

トラクター、田植機、コンバインを装備しているのは1戸、トラクターと田植機を装備しているのが1戸あるが、今後、機械を更新する意向はない。一方で、農業機械をまったく所有していないのが2戸いる。機械所有のない農家も管理作業は個別に実施している。

経営規模は23〜110aと集落の中でも規模の小さい農家である。農業は米のみで、転作への対応は自己保全管理か自家用野菜を作付けている。農産物販売額は小さく、農業継続の理由も飯米の確保や農地管理の意味合いが強い。

今後の経営展開は現状維持が3戸で、離農を考えているのが1戸あった。離農を考えている1戸は、機械所有がなく、ほとんどの作業を委託しており、委託料負担が大きく、赤字になっているからである。

組織との関わりがほとんどない中で、NY営農組合に参加したのは、機械を個別に更新するのが困難な中で、いずれは作業を委託できること、農業後継者がいないためいずれは農地を任せられるという期待があるからである。

(5) NY営農組合の課題

都市近郊の兼業深化地帯であるNY集落では、NY集落農場組合やA水稲生産組合の設立によってすでに作業受委託がある程度進展していた。そうした中で経営安定対策を受けてNY集落農場組合がNY営農組合に改組されることとなった。

NY集落の農家はすべて兼業農家であり、稲作に関係する機械を血縁関係や知人と共同所有することでコストを抑えてきた。個人で機械を所有している農家も含めて、今後機械の更新を農家ごとに行うのは困難になっている。また、米価が好転する状況にはない中で、現在の経営主は高齢になる一方で、

第3章　秋田県中央・沿岸地域（潟上市・由利本荘市）における集落営農組織（非法人）

同居後継者がいる農家も少なく、また後継者世代は安定的勤務に従事し、農作業にはほとんど関わりをもっていない。農業後継者の確保も難しく、いずれ農地は貸し付けに向かうことが予想される。その一方で、これを受け止める個別担い手を期待したくても、構成員ではない飯米農家はさておき、構成員である認定農業者や経営規模が比較的大きい農家を含めて規模拡大を志向する農家は存在していない。つまり、個別担い手の形成が進まない中で、個別担い手に替わる農地の受け皿として集落営農組織が期待されているのである。

ただし、集落営農組織を中心に地域農業を展望する上で、いくつかの課題が残されている。ひとつは、作業を担うべきオペレーターの確保・再生産である。機械オペレーターは5名で、オペレーターの年齢は50代が3名、60代が2名であった。オペレーター出役時間を増やしたいと考えている農家は1戸にとどまり、多くは「農外就業が忙しい」ため、これ以上の作業負担には耐えられない状態になっている。つまり、現在のオペレーターだけでは、今後増えてくるであろう作業委託を受けきれない。オペレーターが高齢化する一方で、若い世代は安定的な農外就業に就いており、農作業にそれほど関わっていない。新たなオペレーターの確保を含め、世代交代をいかにして図っていくのかが今後の課題である。

もうひとつの課題は、集落営農として効率的な作業を実現できるかである。集落営農に参加する構成員の多くは兼業農家であり、農業から得る収入にそれなりに期待しながらも、兼業収入が家計の柱であるため、当然のことながらそれを重視し、融通のきく農作業を選択してきた。その結果、肥料・農薬の種類、散布量、散布時期などあらゆる栽培技術において構成員間で必ずしも統一されてこなかった。集落営農を組織し、肥料、農薬の共同購入という形式をとってもそれは今もかわっていない。そのことが、収穫時期や品質の差を生みだすことになり、共同作業の取り組みが進まないことにつながっている。また、土地利用調整は取り組まれておらず、転作ブロックローテーションもなされていない。大豆は団地化されているものの、団地面積は大きく

はない。さらに固定化されているため連作障害も表面化してきており、単収も低いのである。組織としての農作業の共同化・効率化等を如何にして実践する組織に変革することができるかが問われている。

2．由利本荘市の集落営農

（1）K集落の概要

　K集落は由利本荘市の平場水田地帯に位置し、世帯数45戸で、このうち農家は27戸、土地持ち非農家5戸で構成される。認定農業者は7戸存在している。集落の水田面積は45haである。

　K集落では1970年代に実施された基盤整備のままであり、圃場区画は30aと大きくなく、土壌排水もあまりよくないが、実勢小作料は2万円となっている。

　K集落では、1985年に農業構造改善事業でミニライスセンターが集落につくられた。これを契機として、3条刈コンバインを2台導入して専業農家を中心とした集落農家7名で稲の収穫作業および乾燥・調整を共同で行うK水稲生産組合が組織された。後に若手農業者2名を加えて9名での活動となった。構成員ではない集落内の農家もコンバインの更新はせず、K水稲生産組合に米の収穫作業と乾燥・調整を委託するようになった。したがって集落農家27戸のうちコンバインを所有している農家は3戸にまで減っている。

　水稲収穫作業はK水稲生産組合による受託が進んでおり、それ以外の水稲作業は個人間で受委託されている。K水稲生産組合が行う収穫作業については不公平がないように、作業受託する圃場の順番はくじ引きで決められる。また、個人ごとに収穫、運搬し、乾燥・調整にまわされるため、効率が悪く、今後の課題となっている。

　また転作大豆については広域的な大豆作業の受託組織に耕起を除く全作業を委託している。ブロックローテーションや転作の団地化は行っていない。転作は農家ごとに配分されており、対応も農家自身が決定する。集落には転

第3章　秋田県中央・沿岸地域（潟上市・由利本荘市）における集落営農組織（非法人）

作の団地が1haの1団地しかなく、バラ転でかつ固定されている。農家は稲作不適地で転作する傾向にあるため、もともと圃場条件がよくない上に、湿害なども重なって大豆の収量はかなり低くなっている。

（2）K集落における経営安定対策対応の集落営農組織

　経営安定対策をうけて全県的に集落営農組織の設立機運が高まったことがきっかけで、K集落でも2006年に集落農家27戸のうち25戸（うち認定農業者が5戸）が参加する形でK営農組合が設立された。

　構成員25戸の経営規模別分布は、0.5ha未満7戸、0.5〜1.0ha 6戸、1.0〜2.0ha 3戸、2.0〜3.0ha 4戸（1）、3.0〜4.0ha 2戸（1）、4.0〜5.0ha 2戸（2）、5.0ha以上1戸（1）である（カッコは認定農業者）。最大の農家は7ha規模の認定農業者である。

　K営農組合に参加している農家の水田面積をあわせると40haになるが、K営農組合は機械を所有しておらず、現在の活動は、肥料・農薬の共同購入と米および大豆の共同名義販売にとどまっている。したがって、一応ではあるが、K営農組合の作付面積は水稲が28ha、大豆が7haである。収支は一元化しているが、個別農家の収支を単に積み上げたもので、個人ごとに計算し、分配も個人ごとに計算している。2008年度の収入は4,000万円であり、米販売額が3,100万円、大豆販売額が10万円、大豆のゲタ部分が83万円、ナラシ部分が140万円、産地づくり交付金は460万円、雑収入が200万円あった。支出は820万円であり、差し引き3,100万円が構成員に配分される。

　今後はK水稲生産組合の法人化が進められる予定であるが、K営農組合との関係がどのように整理されていくのかはまだ明確にはなっていない。

（3）K集落の個別農家の現状

　2008年10月にK集落の農家27戸の悉皆調査を行った。27戸のうち、25戸はK営農組合に参加しており、2戸の認定農業者が不参加である。K営農組合に参加している農家も、9戸はK水稲生産組合に加入していた。個別農家の

第Ⅰ部　品目横断的経営安定対策と集落営農組織

事例では、K水稲生産組合に加入し、オペレーターを担当している9戸を類型Ⅰ、K営農組合に参加する作業委託農家を類型Ⅱ、K営農組合に参加していない農家を類型Ⅲとして分析する（**表3-3、表3-4**）。

表3-3　K集落の農家調査結果（1）

	農家番号	家族数	家族労働力						他産業従事	
			世帯主	その妻	後継者	その妻	父	母	世帯主	後継者
類型Ⅰ	A	4	60B250◎	59A150	34D 他出		81E	86E	アルバイト	東京就職
	B	5	60A250◎	59A250	33C10		?E	?E		工場労働者
	C	7	38C5	36E			70A250◎	63A250	自動車部品工場勤務	
	D	7	68B200◎	64A60	31C20	33D	78E	74E	アルバイト	市役所
	E	5	59A250◎	58A250	32C 3	31D		79E		自動車修理工場
	F	7	75A?◎	71E	48C20	48D	長男の長男23D・運転手			市の嘱託職員
	G	7	50C45◎	50D			76A150	73A150	JA	
	H	3	69A ?	68A ?				?		
	I	4	67A180◎	66E	44D	長女 40D				TDK
類型Ⅱ	J	7	38C10◎	34E			72A250	69E	由利本荘市役所	
	K	5	45C 2	40D				70D	ローソン	
	L	2	56C30◎	53D					JA	
	M	4	57C◎	50E			82A	?E	JA	秋田銀行
	N	6	60C100◎	59C7	35C7	35C7		78E	大工自営	市の嘱託職員
	O	4	60B150	55D	次女 27D			82E	シルバー人材のアルバイト	長女 JA
	P	7	73A100◎	71E	49D	43D				小林工業
	Q	6	66A30◎	61E	40C 1	40C 1				薬品会社
	R	6	60C100◎	56C40	35D	長女 32E	84E	80E	大工自営	大工自営
	S	3	56C?◎		長女 27D			?E	板金自営	長女看護士
	T	4	53C ?	51D	23D	長女 21D			消防署	県庁職員
	U	4	54C10	52D	29D			74E	大工自営	郵便局員
	V	5	74A	71E	48D	31D			岩田工学	
	W	4	66C?	63D	38D				電気店自営	電気店自営
	X	5	43D	41D				65E	トヨタカローラ	
	Y	3	46D	47D					小林工業	
類型Ⅲ	Z	4	60A200◎	59A100	36C50	30C7				小林工業
	Ω	8	59A200◎	58A200	36C 7	34D	84E	82E		TDK

資料：農家調査による。
注：家族労働力の項目では、年齢、従事状況、従事日数の順になっている。従事状況の記号は、
　　A：農業のみ、B：農主他従、C：他主農従、D：他産業のみ、E：無就業・家事育児である。
　　◎は経営主

第3章　秋田県中央・沿岸地域（潟上市・由利本荘市）における集落営農組織（非法人）

（ア）K水稲生産組合に加入していた農家（類型Ⅰ）

　この類型には9戸が該当する。この9戸はK営農組合の中心メンバーであって、役員はこの層から選出されている。9戸のうち認定農業者は5戸であるが、2戸（A、D）は経営主がアルバイトで家計を補っている。オペレーターを担当している農家の年齢は50歳代が2名、60歳代が5名、70歳代が2

後継者の妻	認定農業者	水稲生産組合加入	集落営農組織加入	集落営農の役職	オペレーター
	○	○	○	副組合長	○
	○	○	○	組合長	○
	○	○	○		○
靴販売店員	○	○	○	監事	○
介護士・月給	○	○	○	監事	○
看護士		○	○	副組合長	○
		○	○	会計	○
		○	○		
長女岩田工学		○	○		△
			○		
			○		
			○		
?			○		
			○		
介護士			○		
岩田工学			○		
			○		
			○		
			○		
安田高校			○		
			○		
			○		
			○		
組合病院	○				
ショップ店員	○				△

第Ⅰ部 品目横断的経営安定対策と集落営農組織

表3-4 K集落の農家調査結果（2）

類型	農家番号	水田経営面積(a) 計	自作地	借地	作付面積(a) 米	大豆	その他	機械装備状況 トラクター	田植機	コンバイン	乾燥機	籾摺機	総販売額
類型Ⅰ	A	704	124	580	501	153	牧草18a、自給野菜10a	個人41ps1	個人6条1				800万円
	B	450	290	160	350	90	タラノメ16a、葉タバコ90a	個人24ps1	個人6条1				890万円
	C	440	250	190	311	104	葉タバコ45a	個人24ps1	2人共有6条1				500万円
	D	338	290	48	238	86	自家用野菜2a	個人28ps1	個人5条1				300万円
	E	277	214	63	160	なし	露地アスパラ100a	個人29ps1	2人共有6条1				600万円
	F	241	215	26	169	49	自己保全管理18a	個人30ps1	2人（親戚）共有6条1				200万円
	G	205	186	19	134	27	じゃがいも32a	個人28ps1	個人6条1				450万円
	H	203	166	37				個人24ps1	個人6条1				
	I	104	98	6	75	29		個人18ps1					100万円
	J	379	314	65	280	0		個人31ps1	2人共有6条1	個人4条1		個人1	300万円
	K	143	143	0	100	0	牧草36a	3人共同26ps1（集落内）	3人共有5条1（集落内）		あるが使ってない	ー	34万円
	L	112	112	0	68	37	自家用野菜7a	2名共有26ps1	2人共有5条1				70万円
類型Ⅱ	M	91	91	0	68	22	自己保全管理10a、調整水田8a	個人24ps1			使用していないが		66万円
	N	79	79	0	61	0	自己保全管理10a、調整水田18a	個人18ps1					45万円
	O	73	69	4	55	0	調整水田18a	個人18ps1					50万円
	P	68	52	16	52	14		個人25ps1	個人・歩行型1				53万円
	Q	50	50	0	40	0	調整水田10a						36万円
	R	30	30	0	20	0	かぼちゃ5a、調整水田5a						12万円
	S	27	27	0	21	0	草刈り・自己保全管理6a						10万円
	T	15	15	0	13	0		個人22ps1					
	U	13	13	0	13	0							5万円
	V	13	13	0	12	0		3人共同26ps1（集落内）	3人共有5条1（集落内）				
	W	13	13	0	13	0							
	X	13	9	4	13	0							
	Y	11	6	5									0
類型Ⅲ	Z	939	354	585	850	50	葉タバコ55a	個人32ps、24ps1	個人6条1	個人3条1	個人32石1	個人1	1,000万円
	Ω	488	115	373	342	109	自家用野菜24a	個人32ps1	個人6条1	個人3条1	個人40石1	個人1	300万円

資料：農家調査による。

第3章　秋田県中央・沿岸地域（潟上市・由利本荘市）における集落営農組織（非法人）

名とかなり高くなっている。

　水田経営面積は7ha規模を最大に、4ha規模が2戸、3ha規模が1戸、2ha規模が3戸、1ha規模が1戸である。借地はA農家が5.8ha、B農家1.6ha、C農家1.9haまでが大きく、その他農家は小さい。借地は相手から頼まれたものがほとんどで、積極的に借地拡大を図ってきたのではない。借地のほとんどは集落内で小作料は10a当たり2万円となっている。

　葉タバコや野菜部門を導入している農家で販売額もやや高くなっており450～890万円にはなっているが、米＋転作大豆だけの農家では100～300万円にとどまる。

　この類型は水稲収穫作業の機械オペレーターや運搬、乾燥・調整作業に従事している。早くから稲作の収穫作業を共同で実施してきたこともあって、コンバインはいずれも所有しておらず、K水稲生産組合に委託する一方で、トラクターと田植機を個人ないしメンバー間で共有し、個別に作業している。今後ともトラクターは個別に更新していくものの、田植機についてはK営農組合が田植え作業受託を始めることを前提に更新しないようである。

　稲収穫作業のオペレーター賃金は日給8,000円であり、オペレーター賃金が大きいA農家では年間50万円ほどになるが、その他の農家は20万円前後である。オペレーター賃金は委託料を相殺するくらいの位置づけになっている。ただ、オペレーター作業を拡大したいと考える農家は1戸（A）あって、作業時間が増えるのならば農外就業をやめてオペレーターに集中したいと考えている。他の農家は年齢的なものであったり、自家農業の園芸部門との労働競合、農外就業との競合により拡大は望んでいない。

　後継者は安定的他産業従事の傍ら、農作業に従事しているものの、農繁期のわずかな期間であり、農業を継いでくれることが確定している農家は1戸のみで、他は農業を継いでくれるかどうか不明なため、後継者がいなかった時のための将来的な農地の受け皿として法人化した集落営農組織の必要性を感じている。

　今後の経営については、規模拡大を考えている農家はいない。米価が低い

中で、後継者が農業を継ぐかどうかわからない状態ではリスクが大きいという判断である。

（イ）作業委託農家（類型Ⅱ）

　K水稲生産組合には参加していなかったが、そこに作業を委託していた農家で、集落営農組織に参加した農家16戸が該当する。経営主が農業専従なのは３戸であり、残りは農外就業に従事している。経営主農業専従の農家もかつては農外就業に従事していた。

　経営面積は最大でも3.2haで、以下、１ha規模に２戸（階層最大は1.4ha）、１ha未満層に13戸（30a以下が８戸）と規模の小さい農家が多い。

　農業機械の所有状況は、トラクター、田植機、コンバインを所有しているのは１戸（乾燥・調整は委託）だけであり、トラクターと田植機を所有しているのが４戸、トラクターのみが４戸、機械をまったく所有していない農家は７戸ある。機械更新（トラクター）を考えている農家は２戸にとどまり、ほとんどの農家は機械が壊れれば、当該作業を委託する意向であった。

　稲収穫作業はK水稲生産組合に委託し、耕起や田植え作業は個人に委託することで対応している。耕起・代掻き、田植え、稲収穫作業を委託している農家は、トラクターを所有している農家も含めて９戸であって、このうち畦畔管理や水管理もしない全作業委託農家は３戸である。

　農業経営は水稲作が中心で、生産調整として大豆（３戸）、自家消費用野菜（２戸）、あるいは自己保全管理・調整水田（７戸）で対応している。農産物販売額は規模の大きいJ農家で300万円あるものの、それ以外の農家は多くても70万円以下である。農業継続の理由は、飯米確保や先祖代々の土地を守るという意見が多かったが、農外収入が不安定なため、農業からの所得もある程度期待できる方がいいとする農家も２戸（N、R）あった。

　農業後継者がいるとする農家は５戸しかなく、あとは農業の跡継ぎがいない。したがって、将来的には農業後継者がいなかった場合は集落営農組織に貸し付けたいと考えている農家がほとんどで、「集落営農組織は将来的に農

地の受け皿になる組織」だと期待している。

　今後、この層を中心に集落営農組織への作業の流動化、さらには農地の流動化が進んでいく可能性は高いと考えられる。しかし、仮に組織への農地の流動化が進んだとしても、畦畔管理や水管理などできる作業はやっていきたいという農家が多く、単なる農地貸付者とまではいかないようである。

（ウ）個別展開の認定農業者（類型Ⅲ）

　集落営農組織に参加していないこの類型には2戸が該当する。水田経営面積が集落で最大であるZ農家は9.4ha（自作地3.5ha）で、Ω農家は4.9ha（自作地1.2ha）である。前者は集落外の借地が5.5haと大きく、小作料は集落内外を問わず10a当たり1万5,000円であるのに対して、後者は集落内に3.3haをもち、小作料は集落内外ともに10a当たり2万円である。いずれも積極的な借地拡大をしてきたわけではなく、親戚や知人から頼まれて借地している。

　経営主は60歳前後で夫婦2人が農業専従で、安定的な他産業に従事する後継者ないしその妻が繁忙期に手伝うという構図である。農作業機械を個別に装備しており、稲作については自己完結的に営農を行っている一方で、大豆作については耕起作業以外を広域的に活動している大豆生産組合に委託している。もともとK水稲生産組合との間で作業の受委託関係がなく、自己完結的な経営を続けてきたのであり、機械の更新についても個別に更新していく意向であった。

　Z農家は、水稲8.5ha、大豆50aに加えて畑の借地で55aの葉タバコを栽培している。生産調整は大豆50aに加えて自己保全管理40aのみの対応である。農産物販売総額は1,000万円で米が800万円、葉タバコが180万円である。Ω農家は、水稲3.4ha、大豆1.1haであり、生産調整は大豆1.1haに加えて24aの自家消費野菜で対応している。農産物販売総額は300万円である。

　今後の経営展開について、Z農家は労働力の面で現在の規模がギリギリであり、借地の依頼があっても、引き受けられないため、他の農家に回してもらいたいと考えている。後継者が農業専従にならないかぎりは現状維持との

ことであるが、「収入が不安定であり息子には農業は勧められない」ということからも、規模拡大の可能性はきわめて低いようである。

　Ω農家は農業所得が減っているため、所得確保として規模拡大したいと考えている。ただし、拡大するといってもあと 1 ha 程度にとどまるようである。経営安定対策には個別に加入しており、現在、集落営農組織との間でメリットもデメリットもない状態であって、今後とも集落営農組織と棲み分けしていくようである。個別展開を見せるこれらの農家も、今のところK集落の農地の受け皿として積極的に拡大していくような事態にはなりそうもなく、もし農業後継者を確保できなかった場合は、集落営農組織への貸し付けも視野に入れている。この層から見ても、集落営農組織は「将来的には農地の受け皿になる組織」「もし自分ができなくなったら、農地を預けられるという安心感はある」と期待を寄せられている。

（4）K集落の特徴と課題

　K集落では、農業構造改善事業を契機としたK水稲生産組合の設立によって、すでに稲作収穫作業の受委託がある程度進展していた[1]。ただし、この収穫作業の受委託についても、委託農家の個別対応という性格が強く、作業効率を上げるための調整などはできていなかった。経営安定対策対応で集落営農組織を作る際、この作業受託組織K水稲生産組合を母体とするのではなく新たにK営農組合を別組織として立ち上げ、現在、K水稲生産組合とK営農組合は別個に運営されている。

　K営農組合は、これまでの個別対応的な集落の水田農業のあり方にまったく変更を加えず、組織形態だけが整えられての集落営農組織となった。つまり、K営農組合の活動は肥料・農薬の共同一括購入と、枝番方式と呼ばれる米の共同名義販売にとどまっている。稲作作業の効率化のための調整や、転作作物の団地化も取り組まれないままである。

　しかし、今後を考えるとこのままの体制が長くは続きそうにない。個別で田植え機械の更新ができるのは規模の大きな数戸の農家だけであって、すで

第3章　秋田県中央・沿岸地域（潟上市・由利本荘市）における集落営農組織（非法人）

に現在、機械作業の全てを委託している農家も9戸ある。作業受託への要望は高まっており、その引き受け手としてK稲作生産組合とK営農組合が統合したものが期待されている。問題はオペレーターの確保である。現在のオペレーター層の年齢は高く、積極的にオペ出役を拡大したいと考える農家が少ない。今後どのようにしてオペレーターを確保してゆくかがK集落の農業を維持してゆくための課題となりそうである。

　土地利用についての課題も大きい。米や大豆に関わらず、組織への作業委託については、個人ごと、圃場ごとに収穫・乾燥調整が行われており、非常に効率が悪い。今後オペレーターが不足していくのであれば、個々の経営地（所有地）にこだわらない作業順序・管理が可能な土地利用調整と、さらには米のプール計算も検討することで効率化、ひいては低コスト化を追求することが急務の課題であろう。これは転作対応からも重要な課題である。現在、個別の経営地の中で条件の悪い圃場が転作に回されており、バラ転で作業効率が悪く、転作作物の収量も低くなっている。ただでさえ条件の悪い圃場が転作に固定されているため連作が常態化している。これまで個別的土地利用が維持されてきた要因のひとつには、基盤整備が早い段階で入ったものの、その後の整備が実施されなかったことによって排水不良などが解消されておらず、圃場条件の差が大きいことがあげられる。

注
1）秋田県農政部「秋田県における水田作担い手の現状と集落営農組織育成の考え方」（2008年）によると、秋田県ではK水稲生産組合のように水稲秋作業の作業受託を中心とした任意の生産組合が多いとされている（p.7）。(http://www.pref.akita.jp/noseika/keiei/saito/6moderu.pdf)

第4章

秋田県南部地域（羽後町・大仙市）における集落営農組織（非法人）

　本章では、秋田県南部地域における集落営農組織、具体的には羽後町C営農組合、大仙市のKTファームの2組織をとりあげる。ともに枝番管理の集落営農組織（非法人）である。それぞれの組織の構成員の経営調査を行い、集落営農組織の抱える課題を考察した。

1．羽後町の集落営農

（1）JAうご管内の農業

　羽後町は秋田県南部にある横手盆地の南端部に位置する。山形県境に近く、横手市、湯沢市、由利本荘市と接している。羽後町は7つの旧村で構成されており、それぞれに農協があった。このうち3旧村（明治、新成、元西）の農協が1998年に合併して誕生したのが「JAうご」である（後述事例で取り上げるA集落は旧新成村にある）。したがって、事業エリアも3旧村に限られる。

　JAうご管内の水田面積は、羽後町全体の水田面積の31.5％にあたる1,104haである（2008年度）。土地利用の状況は、水稲作付面積が752haで、生産調整率は32％（353ha）である。生産調整では作物転作が248ha、不作付けが103haとなっており、生産調整面積の3割が不作付けによる対応である。

　作物転作の主なものとして大豆98.5ha、野菜90.1ha（うちスイカ40.7ha）、そば22.1ha、花卉12.1haがある（加工用米10.5ha、飼料用米0ha、WCS1.6ha、米粉用0haを合わせても12.1ha）。転作ブロックローテーションは実施され

ておらず、2haの団地形成も皆無である。一方で不作付けでは、調整水田が4ha、自己保全管理が97.7ha、その他1.6haである。なお、不作付けによる転作は、基盤整備がされていない農地で行われている。JAうご管内の水田の1割は基盤整備がなされていない。こうした水田は中山間地域にあり、5a区画と狭小である。山つきで陽当たりも悪く、農道も整備されていないという条件も手伝って、自己保全管理による転作になっているが、実際のところは耕作放棄に近い状態であり、水田利活用自給力向上対策のもとでも、復田は難しいようである。

　JAの農産物販売額は18億1,000万円であり、構成比は米が46.3%、畜産物が27.9%、果実10.4%、野菜9.8%と、水稲を基幹にスイカや施設野菜、花卉、そして黒毛和牛「羽後牛」を中心とする畜産を含めた農業の複合化が進んでいる地域である。

　JAでは転作対応として園芸作物を振興してきた。しかし、水田農業経営確立対策によって大豆の転作奨励金額がアップしたことをうけ、2000年から大豆転作による転作奨励金獲得を目指し、大豆の作付け拡大を振興してきた。この時に、個々の作業では面積拡大は難しいということになり、農協管内1本で大豆の作業受託を行う任意組織「新成生産組合」を設立することとなった。活動は順調であったが、機械更新のため積み立ててきた資金が大きくなりすぎて、課税問題が表面化してきた。そのため、2007年に新成生産組合を解散し、新たにJAの下部組織として「大豆センター」を立ち上げた。大豆センター立ち上げの際に、新成生産組合の機械は同センターが買い取ることとした。新成生産組合の内部留保の一部は、新しい機械の購入費に充て、その機械も大豆センターが買い取った。残った内部留保と大豆センターへの機械販売代金を合わせたものは、新成生産組合の構成員に分配した。大豆センターの活動は、管内の集落営農組織等への機械リースと、大豆の中耕、薬剤散布、除草、乾燥調整の受託作業である。

　JAうご管内には認定農業者が133名いる（羽後町全体で338名）。管内の水稲作付面積に対するカバー率は45.2%である。他方で集落営農組織は管内に

第 4 章　秋田県南部地域（羽後町・大仙市）における集落営農組織（非法人）

9組織ある（羽後町全体で19組織）。こちらのカバー率は14％である。

　集落営農組織はいずれも2006年末から07年にかけて設立されたものであり、「水田・畑作経営所得安定対策」の対象となっている。ただし、すべての組織が過去にも共同化の経験をもつ。すなわち管内では1972年から第二次構造改善事業で機械・施設を導入して共同作業を行う組織が相次いで設立された。しかし、機械の更新時期に解散した組織も少なくなかった。今回の対策をうけて設立された9つの集落営農組織のうち、こうした組織が今なお存続し、設立の母体組織となったのが3組織で、共同化の経験はあるが、母体となる組織はなかったのが残り6組織である（後述する事例は前者にあたる）。

　基盤整備は1967年に実施されたが、それ以降の整備はなく、圃場は大きいものでも30a区画にとどまっている（管内水田の9割は30a区画）。米の単収は604kg（大豆は180kg）で、小作料水準は上田で1万9,000円、中田で1万3,000円である。

（2）A集落の農業

　A集落は羽後町の北東部の平坦地に位置する。集落の総世帯数は40戸で農家数は37戸である（**表4-1**）。1ha未満に14戸、1〜2ha層に14戸、2〜3ha層に5戸、3〜5ha層に4戸あって、最大規模は4.7haである。経営類型は米（大豆）＋α（野菜、肥育牛、花卉）の経営が8戸あって、集落内の3戸の認定農業者も全てここに含まれる。37戸のうち33戸が集落営農組織に参加している。

　A集落の水田面積は57.3haで、9割の水田は30a区画となっている。水稲作付面積は41.2haで、生産調整面積は16.1haである。主な転作作物は大豆10ha、スイカ0.8ha、メロン0.8ha、花卉0.4haである。大豆作では団地化するための話し合いを行っており、1ha団地が3箇所みられる。しかし、転作ブロックローテーションは取り組まれておらず、大豆作は固定化されているため、連作障害も表面化してきており、大豆単収も95.4kg（2008年産）と低水準である。実勢小作料は10a当たり1万8,000円である。

第Ⅰ部　品目横断的経営安定対策と集落営農組織

表 4-1　A集落水田面積（水張面積）

単位：a

	水田経営面積	生産調整実施面積	うち大豆	作型	認定農業者	B営農集団	C営農組合	オペレーター	調査
3～5 ha	469	139	126	米＋大豆＋スイカ＋メロン	○	○	○	○	○
	400	81	60	米＋大豆		○	○		○
	361	109	−	米＋そば＋スイカ＋メロン		○	○		×
	319	7	−	米＋小豆		×	×		×
2～3 ha	298	96	85	米＋大豆		○	○		○
	268	97	30	米＋大豆＋メロン＋ソラマメ		○	○		○
	243	92	60	米＋大豆		○	○		○
	233	66	30	米＋大豆		×	○		○
	200	53	48	米＋大豆		×	○		○
1～2 ha	199	49	47	米＋大豆		○	○		○
	193	30	28	米＋大豆		○	○		○
	180	41	−	米＋花卉	○	×	×		×
	176	49	47	米＋大豆		×	○		○
	172	43	−	米＋メロン＋スイカ＋ソラマメ		○	○	○	○
	164	48	48	米＋大豆		×	○		○
	159	48	−	米＋ソバ＋スイカ		○	○		○
	159	38	−	米＋スイカ＋メロン＋ソラマメ		○	○	○	○
	156	96	96	米＋大豆		○	○		○
	144	31	29	米＋大豆		×	○		○
	138	40	39	米＋大豆		○	○		○
	126	39	32	米＋大豆		○	○		○
	118	27	−	米＋スイカ＋肥育牛	○	○	○		○
	109	49	41	米＋大豆		○	○		○
1 ha 未満	99	11	−	米		○	○	○	○
	82	4	−	米＋えだまめ		×	×		×
	79	26	21	米＋大豆		○	○		○
	70	40	35	米＋大豆		○	○		○
	67	19	−	米		○	○		○
	64	33	33	米＋大豆		○	○		○
	61	30	30	米＋大豆		○	○		○
	52	8	8	米＋大豆		○	○	○	○
	47	8	−	米		○	○		○
	47	11	−	米		○	○		○
	33	3	−	米		○	○		○
	21	21	16	大豆		○	○		○
	13	13	13	大豆		○	○		○
	11	11	−	親戚に相対で貸し付け		×	×		×
37戸	5,730	1,606	1,002			28戸	33戸	6人	32戸

資料：A集落農地台帳および農家調査より作成。

（3）C営農組合設立の経緯

　A集落では、1972年に第二次構造改善事業でトラクターとコンバインを導入して、稲作の耕起・代掻きと収穫作業受託を行う「B営農集団」（以下、B集団と表記）を設立した。しかし、当時のコンバインは能率が悪く、稲の収

第4章　秋田県南部地域（羽後町・大仙市）における集落営農組織（非法人）

穫が11月にずれ込むことが少なくなかったという。そこでコンバインの更新は行わず、稲収穫の受託作業は6年ほどしか続かなかった。しかし一方で、県単の補助事業や自己資本で機械更新を行い、耕起・代掻きの作業受託は継続された。しばらくして、新たに田植機の導入も図り、B集団の活動は、稲作の耕起・代掻きと、田植えの作業受託になった。活動は順調であったが、品目横断的経営安定対策をうけて、2006年12月にB集団とは別に「C営農組合」（以下、C組合と表記）が設立された。このように、前身組織の活動を母体としつつも、経営安定対策への対応として、新たに別組織を立ち上げるという方式は秋田県で広く見られる。

　B集団にはA集落の37戸の農家のうち28戸が参加していたが、C組合にはこの28戸に加えて新たに5戸が加わり33戸でのスタートとなった（C組合に参加するためには10a当たり1,000円の出資金が必要）。C組合に参加しなかった4戸は、B集団にも参加していなかった農家である。不参加農家4戸のうち、1戸は認定農業者である。水田経営面積は1.8haと大きくはないが、複合部門に花卉を取り入れるとともに、広域無人ヘリ防除組織の中心的オペレーターとして活動しており、今後も個別展開を志向している。2戸（3.2haと80a）は現在の経営主がやれるうちは自己完結に農業を続けたいと考えている農家であるが、いずれはC組合に参加予定だという。残りの1戸（11a）は親戚に全作業を委託しており、農業にはほとんど関わっていない。

（4）C組合の事業内容

　C組合の集積面積は42.1haで、作付面積は水稲が31.1ha、大豆が10haとなっている。米と大豆は組織名義で販売しており、販売額は米が3,730万円、大豆が86万円である。これに産地づくり交付金480万円、経営安定対策の補填金216万円、稲収穫作業受託250万円等を含めた4,950万円が収入の内訳である。

　支出の主な内訳は、肥料・農薬費が429万円、賃借料が363万円、稲収穫委託料250万円、オペレーター労賃149万円である。

2008年度は当期利益が3,630万円あるが、これが分配金として構成員に農地管理への対価として支払われる。というのも、構成員が持ち寄った農地は、基本的にそれぞれが管理しているためである。ただし、構成員が機械を所有していない作業については、①稲作の春作業（耕起・代掻き、田植え）と大豆作業（耕起、播種、収穫）はC組合のオペレーターが行い、②稲収穫は構成員間の作業受委託で対応している。先に述べたC組合の支出のうち、①に対する支出がオペレーター労賃である。機械オペレーターは6名おり、全員が60歳以上である。オペレーター賃金は日当1万1,000円である。

②に対する支出が稲収穫委託料である。構成員間の作業受委託は、C組合設立以前は個人間の取引であったが、設立後は組織を経由させているため、稲収穫受託料と稲収穫委託料が同額になっている。

また、C組合が所有する機械はないため、オペレーターが行う作業で使用する機械のうち、稲関係はB集団から、大豆関連は前述の大豆センターからのリースで対応している。したがって、賃借料がこれに相当する。C組合を立ち上げる際に、B集団の機械を買い取る話もあったが、2千万円以上の資金が必要であり、難しいと判断された。そこで、C組合が使用する機械はB集団からリースすることとした（現在のB集団の事業は、C組合に機械をリースするのみ）。ただし、リース料はB集団が所有する機械の償還およびメンテナンスを行えるだけで十分ということで、リース料は低く抑えられている。B集団の所有する機械は、トラクター2台、8条田植機2台、畦塗り機、転作用プラウである。将来的には、機械の価値が下がった時にC組合が買い取る方向が考えられている。

当期利益を単純に面積で割っても、10a当たり8万6,000円となり、低くはない配当であることがわかる。

（5）A集落の農家の存在形態

2009年8月にA集落の農家37戸のうち、C組合に参加している農家32戸を調査した。調査結果は**表4-2**、**表4-3**に示す。調査農家の部門構成は、米＋

第4章　秋田県南部地域（羽後町・大仙市）における集落営農組織（非法人）

転作大豆経営が26戸、米＋大豆＋野菜複合経営が2戸、米＋野菜複合経営が3戸、米＋野菜＋肉牛肥育経営が1戸である。

水田経営面積は1ha未満が11戸、1～2haが13戸、2～3haは6戸で、少し離れて4ha以上が2戸（最大規模は4.8ha）である。水田借地があるのは9戸で、経営規模が最大の農家のみ借地面積が2.4haと大きいが、残りの農家の借地は大きいところでも約40aであって、農地の流動化は進んでいない。

同居家族構成は3世代が20戸、2世代が10戸、1世代が2戸と、3世代農家割合が高い。家族労働力についてみると、12戸は2世代で3～4人が確保されているものの、農業従事日数が10日未満という若い世代が少なくない。家族労働力が1世代は16戸あって、このうち11戸までが家族労働力は1人である。また、家族労働力をもたない4戸は、作業委託によって経営を維持している。

家の跡継ぎは確保されているが、農業への関わりは弱く、農業後継者として期待されるまでにはなっていない。農業後継者を確保している農家は32戸のうち5戸（A1、B2、B3、B4、C4）にとどまっている。

経営規模の大きい農家では年齢の高い家族員を中心に出稼ぎや土建労働者による労働の切り売りや、収入が不安定な就業状況にある。その一方で若い世代は安定的な職種に就業している。

調査農家32戸のうち、5戸は前身組織であるB集団には参加しておらず、C組合に加わったものの、稲作作業は自己完結的に行っている。C組合へのコミットの程度（経営展開の違い）を指標にすると、調査農家は以下の3類型に区分できる。第一が稲作作業を自己完結で行っている農家（類型Ⅰ）である。第二が作業委託を行う一方でオペレーターを担当している農家（類型Ⅱ）、第三が作業委託を行いながらコストを下げつつ経営存続を図っている農家（類型Ⅲ）である。

以下では、類型ごとに経営の特徴を明らかにする。

第Ⅰ部　品目横断的経営安定対策と集落営農組織

表4-2　C営農組合構成員の概要（1）

類型	農家番号	同居家族数	家族労働力 世帯主	その妻	後継者	その妻	父	母	備考	他産業従事 世帯主	後継者	世帯主の妻	後継者の妻
類型Ⅰ	A1	6	49C150	47C10	長男21C5	次男18学生	三男15学生	79E	長男は秋田市、次男は東京に他出	羽後町役場	タイヤ販売会社の作業員	老人ホームの調理師	作業療法士
	A2	5	58C60	53A3	25C3		82E	77E		大工自営	建設業		
	A3	2	62A180	57C1					息子は2人。長男は東京、次男は大館市。60歳までは建築業に従事。			製靴工場正社員	
	A4	7	74E	71E	45C60			92E	長男の長男17、次男16、三男11	水道施設工事会社			
	A5	4	60C200	55A5	次女30D			91E	長男はおらず娘が2人	JAうご	次女製造業	母の介護のため仕事を退職	
類型Ⅱ	B1	4	62B200	60A100	34C10	34D			10年前に町議になる。それまでは専業農家。	羽後町議	JAうご		作業療法士
	B2	6	69A200	69A10	45C10	45C10			長男の長男18、長女17	元土土建業	パソコン販売会社		JAうご
	B3	6	66A250	62A250	39C30	40D			孫12、孫8	溶接工	JAうご		JAごまち
	B4	3	42C365				71A365	65A365		東京に出稼ぎ・建設業			
	B5	4	66830	33D		31D		87E	長男は仙台市、長女は湯沢市に他出		司法書士		
	B6	4	61A60	57E	次女18E	37C3		82E		土建労働者	土建労働者	スーパーでパート	介護士
	C1	5	64C200	62C3	38C7		80A150	75E	次男18、三男15	NTT	JAふるさと	病院事務	スーパーでパート
	C2	7	53C10	49C10	22D			93E	孫20学生		建設コンサルタント会社勤務		
	C3	6	76A200	76A150	47C30	48A30		80E		下水道工事会社	介護士	食品製造業パート	保母
	C4	6	54C60	54C7	27D	27D		79E	長男11	設計事務所・建築士		羽後町役場	
	C5	5	55C7	48D			85E						

82

第4章　秋田県南部地域（羽後町・大仙市）における集落営農組織（非法人）

農家番号											
C6	2		80E	長女58E			設備工事会社		製靴工場		
C7	4	45C60		長女13学生		76A90		製靴工場経営	製靴工場		
C8	3	72C30	72D	45D		74A90		大工自営	看護婦		
C9	2	60C30	57D				長男は秋田市で警察官	公民館バス運転手			
C10	4	62C150	57A30	33D	87E			プリンター部品製造会社社員	住宅設備会社		
C11	3	40C10	南36C10		65A30			建設機械の修理・販売会社を昨年退職	弟・製靴業会社員		
C12	3	60A50			85E	86E	長男は長野県、次男は秋田市に他出	印刷業			
C13	7	44C10	40D	妹40D	67E	71D	長女15、次女13	電気関係	父：土木自営	介護士	妹：運輸業
C14	5	54C150	53E	26D	長女24D	80E		コンクリート会社季節従事員	製靴製造業		長女公務員
C15	5	64B90	58D	32D	長女34D	88E		銀行員	パチンコ店アルバイト	製靴工場正社員	長女スーパーの従業
C16	5	54C60	52C10	26D	27E	76E		大工	プリンター部品製造会社	サービス業	
C17	7	48D	48D	25D	次男21D	73A100	75E	長女15学生	建設業自営	建設業自営	製靴工場パート
C18	4	61D	58D	30D	29E			JAうご	福祉施設職員	建設業自営	
C19	2	78A150	52C30						公務員（市役所）	看護婦	
C20	4	58D	55D	25D		89E	長男12、次男10、三男6	酒屋の事務・営業			
C21	7	75E	72E	42D	41D						福祉施設の調理員

資料：農家調査により作成。
注：1) 家族労働力の項目では、年齢、従事状況、従事日数の順になっている。従事状況の記号は、A：農業のみ、B：農主他従、C：他主農従、D他産業のみ、E無就業。家事専見である。
2) 農家番号の網掛けは認定農業者
3) 類型IIおよびIIIはB集団に参加していた農家で、類型IIIはB集団に不参加だった農家である
4) オペレーターを担当しているのは、類型IIの農家6戸のみである
5) 役職は組合長がB1、会計がB3、労務係がB2、B4、A5となっている。役員がB5、役務係がB2、B4、A5となっている。

第Ⅰ部　品目横断的経営安定対策と集落営農組織

表4-3　C営農組合構成員の概要（2）

類型	農家番号	水田経営面積（a）			貸付地	作付面積（a）				自己保全管理	総販売額
		計	自作地	借地		米	大豆	野菜	自家用野菜		
類型Ⅰ	A1	207	206	1	0	141	30		29	7	200万円
	A2	203	203	0	0	151	48		4		170万円
	A3	176	140	36	0	125	50				160万円
	A4	166	166	0	0	118	48				140万円
	A5	148	148	0	0	117	29		2		140万円
類型Ⅱ	B1	480	242	238	0	330	120	スイカ10a、メロン10a、ソラマメ15a	5		500万円
	B2	177	177	0	0	140		メロン14a、ソラマメ13a、スイカ5a、	4		280万円
	B3	162	162	0	0	120		露地メロン10a、ソラマメ20a	14		230万円
	B4	120	120	0	0	90		スイカ21a、	6		1,300万円
	B5	100	76	24	0	89			10		80万円
	B6	54	54	0	0	47	7.5				47万円
類型Ⅲ	C1	406	374	32	0	325	60		20	1	390万円
	C2	290	290	0	90	210	50				300万円
	C3	273	273	0	0	180	29	メロン29a、ソラマメ26a	10		400万円
	C4	249	249	0	0	156	60			29	180万円
	C5	202.5	202	0.5	0	154	47		2		200万円
	C6	195	195	0	24	150	27				150万円
	C7	162	157	5	0	115		すいか17a、そば26a	4		180万円
	C8	158	158	0	18	60	95				60万円
	C9	140	140	0	0	101	39				140万円
	C10	127	127	0	0	87	32				100万円
	C11	112	109	3	0	64	40		8		80万円
	C12	78	78	0	0	52	21		5		67万円
	C13	70	60	10	0	30	35		5		30万円
	C14	69	69	0	0	47			3	17	50万円
	C15	64	64	0	0	31	33				20万円
	C16	62	62	0	0	30	30		2		30万円
	C17	49	49	0	0	40			9		40万円
	C18	48	48	0	0	38			10		35万円
	C19	34	34	0	0	30			3		30万円
	C20	21	21	0	0		16			5	
	C21	13	13	0	237		13				0.5万円

資料：農家調査により作成。
注：1）機械所有は、○は個人所有、◎は数戸共有を表している。
　　2）作業委託は、○が委託なし（個別に実施）、□はC組合に委託、△は個人に委託（収穫のみC組合を経理上通している）である。なお、RCはライスセンターのことである。

第4章　秋田県南部地域（羽後町・大仙市）における集落営農組織（非法人）

機械装備状況			稲作基幹作業の委託状況				
トラクター	田植機	コンバイン	耕起	代掻き	田植え	収穫	乾燥・調整
○	○	○	○	○	○	○	○
○	○	○	○	○	○	○	○
○	◎C7（本家）	○	○	○	○	○	○
○	◎A5（妻の弟）	◎A5（妻の弟）	○	○	○	○	RC
○	◎A4（親戚）	◎A4（親戚）	○	○	○	△A4（親戚）	RC
○		○	□	□	□	○	RC
○		○	□	□	□	○	RC
○		○	□	□	□	○	○
○		○	□	□	□	○	○
		◎C2、C5	□	□	□	○	RC
			□	□	□	△B1	RC
		○	□	□	□	○	RC
○		◎C5、B5	□	□	□	△B5	RC
			□	□	□	△A4（親戚）	RC
○			□	□	□	△B1	RC
○		◎B5、C2	□	□	□	△B5	RC
			□	□	□	△B3（分家の分家）	△B3（分家の分家）
○	◎A3（親戚）	○	□	□	○	○	○
			△B4	△B4	△B4	△B4	RC
			□	□	□	△B1	RC
○			□	□	□	△B1	RC
○			□	□	□	△B2	RC
			□	□	□	△B2（親戚）	RC
			□	□	□	△B2	RC
○			□	□	□	△B2	RC
		○	□	□	□	○	RC
			□	□	□	△B2	RC
○			□	□	□	△B2	RC
○			□	□	□	△B1	RC
			□	□	□	△B4	RC

1）稲作自己完結農家（類型Ⅰ）

　稲作作業受託を行うB集団に加入せず、稲作主要機械を個別に装備していたため、C組合に加入してもなお自己完結的に稲作を行っている5戸が類型Ⅰである。その一方で転作大豆はC組合への作業委託で対応している。

　経営主の年齢構成は40代が2名、50代が1名、60代が2名である。集落の中では比較的若い世代が揃っている。経営主が農外就業に従事しているのは4戸である。経営主農業専従は1戸であるが、60歳まで建設業で働いており、離職後に農業専従となったのである。

　稲作主要機械の装備については3戸が田植機やコンバインを親戚と共同所有することでコスト削減を図っている。ただし機械更新の予定はなく、いずれはC組合に委託する意向である。

　水田経営面積は1.5ha～2.0ha程度である。借地があるのは2戸であるが、その面積は小さい（A1は基盤整備後に発生、A3は残存小作地）。稲作と転作大豆を基幹としている。またA4は2戸から稲作作業受託を2ha実施し、A3は今年から70aを実施予定で、A2は08年まで2haの稲収穫を受託していたが、C組合設立を契機にやめている。

　農産物販売額は140～200万円である。農外就業から収入の多くを得ているが、農業からの収入も家計費を補うものとして期待している。

　今後の経営展開はいずれも現状維持を考えている。米価が低いことと農業後継者がいないことがその理由である。農業後継者を確保しているとする農家はA1のみであるが、個別に機械を更新してまで農業を続けることは困難だという。

　B集団に参加しなかったのは稲作機械を個別に装備していたからである。それがC組合に参加したのは、経営安定対策の交付金を獲得するためでもあるが、個別での機械更新を考えておらず、いずれは機械作業を委託しなければならないと考えていたこと、後継者が確保できなかった場合は農地の貸し付けも想定されたため、作業や農地の受け皿としての期待もあってC組合に加入したのである。

２）オペレーター農家（類型Ⅱ）

　C組合が実施する水稲の耕起・代掻き、田植え、大豆の耕起・播種、収穫に関わる機械作業を担当するオペレーター６戸が類型Ⅱである。

　この類型は専業的に農業を行い、農閑期に土建業や出稼ぎに従事することで生計を立ててきた。農業を中心的に担っているのは60歳以上がほとんどで、後継者世代の農業従事はB4を除いて少ない。

　４戸が個別にトラクターとコンバインを所有し、１戸はコンバインのみを共有し、残り１戸は機械を所有していない。稲の耕起・代掻きと田植えはC組合に作業委託し、収穫作業は個別に行っている（コンバインを所有していないB6はB1に委託）。大豆を作付けている農家はC組合に作業を委託している。肉牛肥育経営を除き、機械更新は考えていない。肉牛肥育経営でも、トラクター以外の更新は考えてない。トラクターはわらの梱包や堆肥の散布に使用するため個別に更新を考えている。

　水田経営面積は50〜480aと幅がある。借地は２戸が行っており、B1は７年前にC21が高齢で作業できなくなったことをうけ、相手方から頼まれたため238aを借地するようになった。B5の24aは残存小作地とのことである。この類型は農地の貸し付けはない。

　経営規模の大きい方からスイカやメロンなどの野菜あるいは肉用牛の複合的展開をみせている。農産物販売額は複合部門をもたない経営で100万円未満であるが、野菜複合経営では200〜500万円、肉牛複合経営になると1,300万円にまでなる。

　オペレーター賃金（日当１万1,000円）の受取額は、この類型で最も経営規模が小さいB6が年間60万円と最も大きく、あとは15万円程度が２戸、８万円ほどが３戸である。B6は農外就業に従事しておらず、経営面積も小さいため農業所得を補うものとして期待しており、オペレーターの出役を今後増やしていきたいと考えている。残りの農家にとっては作業委託料を相殺する程度であり、年齢的なものもあって、オペ出役を増やしたいと考える農家はいない。

また、オペレーター作業の他に作業受託を行っている農家が4戸ある。B1は育苗1,800箱と構成員5戸を含む6戸から8haの稲収穫受託で223万円、B2は育苗1,200箱と構成員6戸から2.6haの稲収穫受託で74万円、B3はC6から耕起・代掻き、田植え以外の全作業受託で100万円、B4は構成員2戸から90aの稲収穫受託で15万円を受け取っており、少なくない収入を得ている。

今後の経営展開はいずれも現状維持を考えている。中心的に農作業に従事する者が高齢であること、農業後継者を確保しているのが3戸（B2、B3、B4）あるが、後継者は農外就業が中心となっており、労働力が確保できないことがその理由である。将来的にはC組合に農地を貸し付けることも視野に入れている。

3）作業委託農家（類型Ⅲ）

このタイプには21戸が該当する。他産業従事が経営の中心であって、若い世代では安定的職種に従事する一方で、60歳以上の世代は不安定職種に従事している。他産業従事が主であるため、経営主の農業従事日数もそれほど多くなく、後継者はほとんど農業に従事していない。

農業機械をまったく所有していないのが10戸あり、所有していても基幹作業はC組合あるいは個人に作業委託している。基幹作業を委託する一方で、管理作業は個別に実施している。なお、C2のみ稲の収穫受託を1ha行っている。

経営規模は1ha未満が10戸、1〜2haが6戸、2〜3haが4戸で、最も大きい1戸は4haである。借地は5戸が行っているが、C1は30年以上前の借地で、それ以外の農家の借地は残存小作地である。いずれの借地面積も30aほどであって小さい。一方で農地の貸付けは4戸が行っている。

米に加えて大豆や自家消費用野菜の経営がほとんどだが、C3とC7のみメロンやスイカを導入した複合経営である。水田経営面積が1ha未満の農家は販売額が小さいものの、1ha以上農家の販売額は小さくない。規模の大きい農家で農業からの収入はある程度の所得として期待されているが、小規

模層では農地管理や飯米確保の意味合いが強い。

　機械を個別に装備・更新しなくても、基幹作業を委託することで、管理作業さえ担うことができる労働力を確保していれば農業継続が可能になっており、なおかつ農業従事日数も少なくて済む。ただし、農業後継者がいると回答したのはC4のみで、それも管理作業程度を担う存在としての位置づけであった。したがって、今後の経営展開については、いずれの農家も現状維持であったが、ほとんどの農家で農業後継者がいないため、いずれはC組合に農地を貸し付けたいと考えている。

（6）C組合の課題

　C組合の展開にとっての課題は次の2つである。ひとつは、作業を担うべきオペレーターの確保・再生産である。オペレーターは60歳以上が担っており、これ以上の作業負担には耐えられない状態になっている。オペレーターが高齢化する一方で、若い世代は安定的な農外就業に就いており、農作業にそれほど関わっていない。世代交代をいかにして図っていくのかが今後の課題である。

　もうひとつは、効率的な作業をいかに実現していくかである。C組合の構成員の多くは兼業農家であり、兼業収入が家計の柱であるため、農外就業を優先した農作業を選択してきた。その結果、肥料・農薬の種類、散布量、散布時期などは構成員間で必ずしも統一されてこなかった。C営農組合を組織し、肥料、農薬の共同購入という形式をとっても従来とかわっていない。それゆえに、収穫時期や品質の差が生まれ、共同作業の取り組みが進まない。他方で土地利用調整も取り組まれておらず、転作ブロックローテーションもみられない。大豆は団地化されているものの、団地面積は1 haと大きくはない。さらに固定化されている。

　農作業の共同化・効率化等を実践する組織に展開していくことが求められている。

2．大仙市の集落営農

（1） JA秋田おばこ管内の農業

　JA秋田おばこは、1998年4月に1市10町3村の20JAが合併して誕生した。その後、管内の市町村合併が進み、2市1町（大仙市、仙北市、美郷町）を管内とする広域JAである。管内の経営耕地面積は3万2,570haで、うち水田面積が2万8,658ha（水田率88％）である。2009年度の水稲（主食用）作付面積は1万8,995haで生産調整配分面積は9,662ha（生産調整率33.7％）、生産調整実施面積は9,667haである。

　生産調整では作付転作面積が6,847ha、不作付転作面積は2,140haである。前者の主な作物は、大豆2,010ha、飼料作物1,291ha、加工用米1,158ha、野菜995haがある。一方の後者は、その82％（1757ha）を自己保全管理が占めている。生産調整面積の22％は不作付けによる転作であるが、これは未整備田に多い。

　管内水田のうち、基盤整備されている割合は67.9％（1万9,448ha）であり、未整備田は3割強と少なくない。基盤整備されている水田は30a区画が中心であるが、26.8％（5,220ha）は1ha区画の大区画圃場整備が入っている。なお、基盤整備された水田では排水不良等の問題はない。

　JAの2008年度の農産物販売額は229億5,484万円であり、構成比は米が79.3％、野菜が6.5％、大豆・麦・雑穀が6％、畜産物が5％である。

　農協管内には1万5,407戸の農家がいる。認定農業者は2,350経営体で、集落営農組織が136経営体ある。水田面積に対する認定農業者のカバー率は31.9％、集落営農組織のカバー率は16％である。136の集落営農組織はすべて経営安定対策の対象となっている。

　管内の標準小作料は上田（585kg）で1万8,000〜2万円である。米の平均単収は589kgで、大豆は153kgである。

（2）P集落の特徴

　P集落は大仙市の中心部から東に5kmほどの平坦地に位置する。集落の総世帯数は24戸で農家戸数は14戸である。5戸すべての認定農業者を含む11戸がKTファームに参加している。P集落の水田面積は37.3haで、このうち33haをKTファームが集積している（ファームの集積面積は35.9haだが、2.9haは集落外にある）。

　2010年度のP集落の水田の利用状況は、水稲作付面積が24.5haで生産調整面積が12.8haである。生産調整の内訳は大豆8.7ha、アスパラガス2.3ha、加工用米1.4ha、ニンニク（露地）30a、ホウレンソウ（ハウス）10aである。

　KTファームが設立される以前は、生産調整は個別対応のバラ転であって、小麦や野菜、調整水田など様々であったが、2006年にKTファームが設立され、08年からは本格的な大豆生産に取り組み、09年にはブロックローテーションも取り入れている。

　P集落では県営圃場整備事業（1989～94年）や担い手育成基盤整備事業（1992～98年）が相次いで実施された（集落全体の水田の9割は30a区画）。圃場整備されるまでは排水不良田もあり、圃場によって米の収量差があった。しかし、圃場整備によって用排水分離も進み、暗渠排水も施工されたため、圃場ごとの収量差は改善された（米の単収は590kg、大豆の単収は240kg）。実勢小作料は10a当たり2万円である。

（3）KTファーム設立までの経緯

　P集落では2005年3月に「K共同機械組合」（以下、K組合）が認定農業者5名を含む7名によって設立された。田植機が更新時期にさしかかった2戸の農家が共同で田植機を購入する話をしていた。その話を聞きつけた別の農家が自分も参加したいということになり、それが徐々に広がって、最終的に7名が集まった。田植機が古くなり更新時期が近づいていたが、個別に更新するのは困難という判断からであった。

第Ⅰ部　品目横断的経営安定対策と集落営農組織

　自己資金を出し合って8条植えの田植機を1台購入し、田植機を共同所有・共同利用するK組合を立ち上げた[1]。水稲作付面積に応じて10a当たり5,000円をK組合に作業委託料として支払い、作業は当番制で行うこととした。出役した者には労賃として時給1,000円を支払った。なお、当時は田植え以外の作業はすべて個別対応であった。

　そうした中で品目横断的経営安定対策の話が浮上した。この時、集落全員で同対策に取り組もうという話になったが、新しく参加する農家を既存のK組合に取り込むのではなく、新たに別組織を立ち上げるほうが参加しやすいのではないかということで話がまとまった。集落の全ての農家に声をかけ、最終的にK組合に参加していた7名を含む11名で、2006年11月にKTファームを設立した。

　KTファーム設立と同時に、K組合が所有していた田植機をKTファームが買い取った。さらに、県や国の補助事業を活用しながら機械装備を充実していった。構成員はKTファーム参加後に機械を処分しており、現在の個別の稲作機械装備は2戸がコンバインを共有しているのみである（更新はしない）。

　ところで、2007年から本格的な活動を開始したKTファームであったが、この年はまだ枝番管理であった。プール計算に取り組むのは2008年からである。第1に、2008年からは水稲（加工用米含）を減農薬栽培である「あきたecoらいす」基準で栽培したことがあげられる[2]。農薬のみならず、施肥計画のもと肥料の種類や散布量、散布時期についても統一することとなった。これによって構成員間で米の品質格差が縮小した。加えて第2に、同年から本格的な大豆生産に取り組むことが決まった。本格的な大豆生産の背景には「地域水田農業活性化緊急対策」がある[3]。07年までの生産調整は大豆5ha、小麦1haの他には野菜転作や調整水田による対応であったが、同対策をうけて大豆を15haにまで拡大した。産地づくり交付金も、大豆を8ha以上に団地化すれば10a当たり7.1万円の助成金が入ることも後押しとなった。大豆を団地化しつつ拡大するときに、枝番管理のままでは米と大豆で収益格差があるため不公平がおきると考えた。そこで米と大豆のプール計算に取り組む

第 4 章　秋田県南部地域（羽後町・大仙市）における集落営農組織（非法人）

ことにした。

　現在、米や大豆だけでなく、KTファームで栽培している野菜までも含めたプール計算である（ファームに持ち込んだ農地については、作付計画をファームが立てるため、構成員が持ち込んだ農地に、自由に転作地や転作作物を決めることはできない）。

（4）KTファームの事業内容

　2010年のKTファームの構成員の経営面積は35.9ha（うち隣集落の農地が2.9ha）である。このうち1.8haはファームとは別に構成員が独自に野菜を作付けているもので、ファームの経営からは除外されている。したがって、共同作業の対象となるファームの集積面積は34.1haである。作付面積は主食米23.6ha、転作10.4haであり、転作の内訳は大豆8.7ha、加工用米1.3ha、ニンニク30a、ホウレンソウ10aである。

　KTファームでは畦畔管理と水管理を除いてすべての作業が共同化されている。共同作業に関する出役は特定の農家に集中させるのではなく、できるだけ均等になるように調整している。ただし、機械作業の少なくない部分は担い手層が担当している。共同作業は各自が持ち込んだ農地に関わらず行っている。共同作業の出役労賃は、機械作業、補助労働に関わらず時給1,000円に統一されている。設立当初は800円であったが、出役者の確保に苦労したため1,000円に引き上げたという[4]。他方で、共同化されていない畦畔管理と水管理は、持ち込んだ農地のみを行う。これに対する労賃の支払いはなく、配当に組み込まれている。

　2009年度の収入は4,415万円である。主な内訳は米販売代金2,340万円、大豆販売代金258万円、野菜販売代金49万円、産地づくり交付金1,186万円、経営安定対策補填金180万円である。

　一方の支出は2,071万円である。支出で大きいのが支払い労賃921万円と機械購入の借入金返済252万円、及び農薬費191万円、肥料費134万円である。

　差し引き2,344万円が構成員の持ち込み面積に応じて配当される。持ち込

んだ農地に何を作付けられても配当は面積当たりで支払われており、10a当たりでみると7万2,000円という高い配当になっている[5]。

高い配当の要因は、①機械作業の効率化や労働時間の削減による低コスト生産が図られていること、②労賃が一律1,000円と抑えられていること、③組織で資金を積み立てておらず、すべてを配当に回していることがあげられる。

（5）構成員の存在形態

2010年7月にKTファームの全構成員11戸を調査した（**表4-4および表4-5**）。構成員は、1）K組合に参加し、経営主が農業専従で、KTファームに持ち込まない一部の農地で個別にアスパラやホウレンソウ、エダマメなどの複合部門を独自に展開している農家（類型Ⅰ「前身組織参加・複合経営型」）、2）K組合に参加し、経営主が他産業従事で、水田のすべてをKTファームに持ち込んでいる農家（類型Ⅱ「前身組織参加・他産業従事型」）、3）K組合に参加せず、KTファームになってから新たに参加した農家（類型Ⅲ「新規参加型」）の3タイプに分けられる。

①類型Ⅰ・前身組織参加・複合経営型（5戸）

経営主は農業専従であり、4戸が認定農業者である。家族労働力は1～2世代で、2～3人が確保されている。経営主は比較的若く世代交代は進んでいるが、同居の後継者は他産業に従事しており、農業への関わりは弱い。

水田経営面積は285～625aで、いずれも水田借地があり、面積は50～427aである。経営面積のほとんどはファームに持ち込んでいるが、一部の農地（3～65a）をつかって個別にアスパラ、ホウレンソウ、エダマメなどの複合部門を導入している。複合部門の販売額は60～450万円である。

ファームの共同作業には1戸当たり2～3名が出役しているが、経営主が出役する場合が多い。出役労賃は10～100万円である。複合部門が忙しく出役日数が確保できない③を除けば50～100万円と大きい。これにファームからの配当を加えると200～500万円の所得になる。

第4章　秋田県南部地域（羽後町・大仙市）における集落営農組織（非法人）

表4-4　KTファーム構成員調査（1）

類型	農家番号	同居家族数	家族労働力						他業経営従事				認定農業者	役職
			経営主	その妻	後継者	その妻	父	母	経営主	後継者	経営主の妻	後継者の妻		
I	①	5	54B200	55A100	25D		79E	77E	冬期に除雪作業員	小学校教員	新聞代理店の事務		○	理事
	②	5	47A300	46D	長男16F								○	代表
	③	4	66A200	63A200	次女33C60	次男12F		72A24		県庁嘱託職員			○	
	④	3	58A00	54C10	25C10			86E		金属加工業	羽電関係製造業		○	監事
II	⑤	3	58A250	55D	26C10					介護師			×	会計
	⑥	5	51C25	56A30	19D		83A60	81A15	製造業勤務		市役所職員		×	監事
	⑦	6	57	61C1	23C10	20E	82A60	81E	養護学校教員	塗装業	介護関係		×	
	⑧	6	63A40	58D	長女37D	26A		82E		介護関係	長女医療事務		×	
	⑨	6	62C50	58D	30C3			84E	採石業従業員	車の板金工	調理師	会社員	×	
III	⑩	5	59C30	52D	30C10				公務員	老人ホームの栄養士	長女警察会社員	長女警察事務	×	
	⑪	6	42C10	42D	長女16	次女10	73A30	66A30	製造業会社員	市役所職員	製造業会社員	母・牛乳配達パート	×	

資料：農家調査により作成．

注：1) 家族労働力の項目では、年齢、従事状況、従事日数の順になっている。従事状況の記号は、A：農業のみ、B：農主他従、C：他主農従、D：他業のみ、E：無就業・家事育児、F：学生である。

2) 家族労働力の網掛けはAファームの作業に出役している者である。

表4-5　KTファーム構成員調査（2）

類型	農家番号	水田経営面積				ファームへの持込面積	ファーム外の農地利用		販売額	共同作業出役日数		2009年度の配当・労賃	
		自作地	借地	集落外の経営地	計		面積(a)	作物			うち経営主	配当	労賃
I	①	625	198	427		120	590	35	露地アスパラ	210万円	70	60	426万円	100万円
	②	507	367	140		140	492	15	えだまめ	※400万円	45	21	355万円	50万円
	③	491	371	120			426	65	露地アスパラ	455万円	14	10	308万円	10万円
	④	470	230	240			467	3	ハウスホウレンソウ	60万円	47	40	337万円	80万円
II	⑤	285	235	50			223	50	露地アスパラ	200万円	33	30	161万円	60万円
	⑥	417	417	0			417				45	15	301万円	70万円
	⑦	302	287	15			302				40	0	218万円	不明
	⑧	181	181	0			181				41	40	131万円	32万円
	⑨	157	100	57			157				7	4	113万円	7万円
III	⑩	82	82	0		30	82				−	−	−	−
	⑪	70	70	0			70				39	7	51万円	30万円

資料：農家調査により作成．

注：②は2010年からえだまめ15aの栽培を開始している。なお、販売額は菌床しいたけ4,800菌床分である。

ファームへの参加で機械投資が節減されるとともに、家族労働力の確保が難しい中で、稲作にかかる労働力を複合部門に振り向けることが可能になっている。

今後の展開として、個別の複合部門を拡大したいという農家はいなかった。労働力の問題でこれ以上は難しいようである。その一方で、ファームへの出役を増やして労賃収入を得たいという農家が2戸あった。しかし、平等な出役を続ける限りにおいては、出役の拡大は容易ではない。

②類型Ⅱ・前身組織参加・他産業従事型（2戸）

経営主、後継者ともに他産業従事である。家族労働力は3人が確保されているが、経営主の親世代が主に農業に関わっており、経営主や後継者の関与は弱い。

水田経営面積は3ha（うち借地15a）と4haである。経営面積の全てをファームに持ち込んでいる。

ファームの共同作業には1戸から2～3名が出役しており、出役日数は40～45日である。出役労賃は⑥で70万円になっている（⑦は不明）。これにファームからの配当を加えると⑥は370万円になる。農外就業が中心の農家であるが農業所得は多い。

ファームへの参加で、「土日に出役すればいいので農作業のために仕事を休まなくてよくなった」、「農作業時間が少なくなった」、「機械投資が節減された」といった点が評価されている。

現在、他産業に従事しており、「要請があれば出役する」が積極的な出役は考えていない。農外就業との関係で出役を増やすのは難しいが、「定年後は出役を増やして労賃を確保したい」と考える農家もいる。

③類型Ⅲ・新規参加型（4戸）

KTファームに参加する前からほとんどの稲作機械を所有しておらず、K組合に参加していた農家や隣の集落営農組織に作業委託していた。この委託先農家から誘われてファームに参加することになった。

4戸のうち3戸の経営主が他産業に従事しているが、農業専従の1戸も定

第4章　秋田県南部地域（羽後町・大仙市）における集落営農組織（非法人）

年まで流通業の会社員であった。

　水田経営面積は70～181aで、経営面積のすべてをファームに持ち込んでいる。

　ファームの共同作業には、1戸あたり2～3名が出役しており、2戸は出役日数が40日ほどある（1戸は7日、もう1戸は2010年参加）。出役労賃は7～32万円で、配当も加えると、80～160万円と少なくない農業所得になる。

　ファームへの参加について、「ファームに参加する以前の農業所得は40万円くらいだったが、参加後は配当が100万円を超えるようになった」、「機械のコストが下がった」と評価している。

　ファームへの関わり方については、「今は仕事があってこれ以上協力できないけど、定年になったらできるだけ出役して協力したい」「技術がないので機械作業はできないが、それ以外の作業は頼まれればやる」という意見である。

（6）まとめ

1）KTファームの到達点と実質的共同化に至った要因

　P集落では、水田面積が37haという中で、4～6ha規模の、比較的若い認定農業者が5戸存在していた。借地や作業受託も本家分家や親戚関係でしか進展しなかったため、土地利用型農業での展開が難しく、園芸作などの複合部門を取り入れながらの経営展開であった。ところが、米価下落による稲作所得の減少をうけ、個別に機械を更新していくことが困難になり、認定農業者を中心に田植機の共同所有・共同利用への取り組みが開始された。そこに経営安定対策の話が登場したのである。その際に小規模農家も取り込んだKTファームを設立した。

　KTファームは、設立当初こそ枝番管理方式の個別的土地利用であった。しかしその後、栽培協定やブロックローテーションと団地化に取り組み、構成員が持ち込んだ農地に関わらず、機械共同利用と共同作業を行っている。それにより効率的な土地利用によるコスト低減効果が発揮され、構成員に対

して10a当たり7.2万円という高い配当を実現している。

　KTファームの実質的作業共同化をもたらした要因は、①同規模の担い手農家が多く、米価下落のもとでこれら担い手経営の個別展開の限界性が明らかであったこと、②大豆転作の拡大ならびに団地化に係る助成金水準の高さ、③あきたecoらいす基準に取り組むことで栽培方法を統一したこと、④基盤整備による地力平準化の４点である。

２）KTファームの課題

　今後の展開と関わって着目されるのは、KTファームの共同作業と利益配分のあり方についてである。KTファームの共同作業は、構成農家間でできるだけ平等な出役日数になるように調整している。これを担保するものとして、ひとつは共同作業の労賃を時給1,000円という兼業農家にとって十分に満足できる水準に設定することで兼業農家の出役日数を確保している。もうひとつは、10a当たり7.2万円という配当を確保している点である。

　平等な出役日数を確保することは、担い手と小規模・兼業農家の双方にメリットをもたらしている。担い手農家にとっては平等出役であるため、稲作作業に関わる時間が短くなり複合部門に集中できるというメリットがある。他方で、小規模・兼業農家にとっては、出役日数はある程度確保しなければならないが、出役は土日で十分となっている。さらに、出役者は高齢者でもいいため、出役は負担にはなっていない。そればかりか、比較的高い労賃だけでなく、高い配当を得るというメリットがある。作業を委託していたファーム参加前と比べて所得が増えているのである。

　しかし、課題も残されている。2011年度から本格実施される戸別所得補償制度では、水田利活用自給力向上事業の激変緩和措置にかえて、新たに「産地資金（仮称）」が創設される。しかし、助成をうけるための要件の１つに集落営農の法人化が付加されている（日本農業新聞2010年８月12日付）。したがって、KTファームに限らず集落営農の法人化が目指されよう。KTファームにおいても、2011年度の法人化に向けた話し合いが続けられている。

第4章　秋田県南部地域（羽後町・大仙市）における集落営農組織（非法人）

　KTファームの法人化に関わって課題となるのは以下である。現在、KTファームは任意組織であるため、KTファームの構成員が個別に借地し、地権者に10a当たり1.5～2万円の小作料を支払っている。その一方で、借地分からも7.2万円の配当を得ている。この小作料と配当の差額である約5万円は、水管理や畦畔管理といった管理作業に係る部分に対する報酬ととらえられる。

　現在、KTファームに参加している担い手層は1～4haの借地を行っている。しかし、KTファームが法人化した場合、借地は一度地権者に返還し、地権者とファームとの小作契約に切りかわるという。こうした農地の管理を担い手層のみが約5万円の報酬をもらって続けられる保証はない。KTファームの法人化にあたって、現在の仕組みのままでは担い手層の農業所得が大きく減る可能性もある[6]。出役日数は構成員間で平等とはいっても、ファームの機械作業の少なくない部分は担い手層が担当している。KTファームの展開にとって担い手層の存在は欠かせない。この担い手層の経営展開を考えれば、一律の労賃単価設定や、配当方法の見直しなど、ドラスティックな組織改編が求められる。

　最後に、KTファームの法人化にかかわって、担い手層の所得が減る可能性を指摘した。この点については、これから法人化する他の集落営農組織でも起こりうる問題である。集落営農の法人化推進に際しては、担い手層に配慮した対応が必要である。

注
1）構成員は参加後、全員田植機を処分している。
2）「あきたecoらいす」は慣行栽培に比べ、使用農薬を5割以上削減する栽培体系である。秋田県、JA全農あきたでは、2010年度の全県普及を目指して、2008年度からモデル圃場を設け、実証している。現在、ecoらいす基準で栽培した米の仮渡し金は慣行栽培と同額である。
3）同対策は、2008年産から生産調整（転作）面積を拡大する農業者に対し、生産調整の拡大分について、地域協議会との5年契約（5年間の継続が前提）のもと、2008年産の面積単年度限りではあるが、麦・大豆・飼料作物等の作付拡大面積に応じ5万円／10aの緊急一時金（「踏切料」）を交付するものであ

る。
4）時給1,000円という労賃水準は県内他地域の集落営農組織と同水準である（中村勝則・角田毅「東北平場水田地帯における土地利用と担い手の新たな展開」農業問題研究学会編『土地の所有と利用』筑波書房、2008年、p.105や椿真一・佐藤加寿子「秋田県における「水田経営所得安定対策」への対応と担い手の組織化—県南地域の事例を中心として—」『土地と農業No39』、（財）全国農地保有合理化協会、2009年、p.108を参照）。
5）この配当は秋田県で典型的な枝番管理方式の集落営農組織の事例よりも１万円ほど高くなっている（椿真一「東北の兼業深化地帯における水田農業の担い手」荒井聡・今井健・小池恒男・竹谷裕之編著『集落営農の再編と水田農業の担い手』筑波書房、2011年、p.221）
6）所得減を補うといっても、個別の複合部門の拡大は、労働力不足や後継者がいないなどの理由で困難だという。

第Ⅱ部
集落営農組織の展開と水田農業政策の転換

第5章

戸別所得補償モデル対策下における秋田県水田農業の構造再編

1．はじめに

　自民党政権下の農政では、効率的かつ安定的家族農業経営に農地利用の６割、集落営農経営に１～２割を集積させることを目標に、2002年の米政策改革以降、「担い手」に的を絞った政策（担い手経営安定対策や水田・畑作経営所得安定対策）を導入することを通じて構造改革を強力に進めようとしてきた。「担い手」に的を絞った政策の対象は、認定農業者の場合で経営面積４ha以上（都府県）、一定の要件（法人化、地域内農地2/3集積等）を満たす集落営農の場合で20ha以上とされた。

　政策対象の主流はあくまで家族農業経営であるが、秋田県では４ha以上農家が１割しかいないという現実にあって、経営安定対策の対象となるために集落営農の設立が相次ぎ、2009年で721組織と全国トップクラスまで増加した。しかしながら、そうした組織は、とにもかくにも経営安定対策の対象となることが優先されたため、組織化したといっても、いわゆる「枝番管理」[1]による個別対応という、従来の生産形態と実質はかわらない方式をとったものが少なくない。今後、個々の経営の単なる積み上げを解消し、組織としての農作業の共同化・効率化等を如何にして実践する組織に変革することができるかが秋田県の集落営農組織のもつ課題であった。

　ところが、2009年の参院選後の政権交代によって、自民党農政から民主党農政への転換が始まった。水田土地利用型農業の担い手政策は、自民党政権のもとで、米政策改革以降に加速化した、対象を担い手に限定した構造改革

第Ⅱ部　集落営農組織の展開と水田農業政策の転換

路線から、民主党政権のもとで、小規模・兼業農家までを含めた「意欲あるすべての農業者」の育成・確保を目指した政策に大きく舵をきられようとしている。この「意欲あるすべての農業者」が農業を継続できる環境を整えることを目的として、2011年から戸別所得補償制度が本格的に実施されることとなった。その先駆けとして2010年から「戸別所得補償モデル対策」（米戸別所得補償モデル事業・水田利活用自給力向上事業）が実施されている。こうした政策転換は、秋田県において地域農業やその担い手として展開している集落営農組織にどのような影響を及ぼすのであろうか。

　本章では、集落営農組織の展開により地域農業を維持している2事例（大仙市のAファーム、湯沢市のB営農組合）の実態調査によって、戸別所得補償モデル対策が秋田県の水田農業および集落営農組織の展開にどのような影響を及ぼしたかを確認し、同対策の現時点での評価と課題を明らかにする。

　平坦地で展開するAファーム（非法人）は、枝番管理の集落営農組織から、実質的作業共同化を基礎にした効率的な土地利用型農業に取り組む組織へと展開した、秋田県ではモデル的事例であり、中山間地域で展開するB営農組合（非法人）は、依然として枝番管理の集落営農組織であり、秋田県の集落営農組織の典型事例と位置づけられる。

2．秋田県における戸別所得補償モデル対策下の動向

(1) 主食用米の生産数量目標配分でのペナルティの廃止

　秋田県では、2009年産までは市町村ごとの生産数量目標を決める際に、70％は「基本数量割」（①）として前年の市町村別シェアで配分し、30％は「米づくり改革要素」（②）として、一等米比率、単収、直播、有機米、特栽米などの取り組みに応じて配分してきた（図5-1）。さらに、過剰米作付地域に対しては、国からのペナルティによる生産数量目標の削減分を、過剰作付けの程度に応じて調整し、ペナルティとして当該市町村から配分数量を減じる措置をとってきた（③および④）。これにより、主食用米の過剰作付地域

第5章　戸別所得補償モデル対策下における秋田県水田農業の構造再編

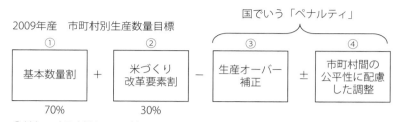

2009年産　市町村別生産数量目標

①前年の市町村別シェア割
②一等米、単収、直播、有機、特栽米への取り組み
③国からのペナルティ数量を当該市町村から控除
④未達成市町村の減少率が県平均を下回らないよう調整

2010年産　市町村別生産数量目標

⑤2009年産市町村別生産数量目標
⑥2010年産生産目標数量÷2009年産生産数量目標
⑦2009年産の算定における公平性確保措置としてプラス調整となった21市町村から
　当該数量を削減し、控除した3市村に追加配分する。
削減数量＝2009年産公平性確保措置による追加配分数量
追加数量＝2009年産公平性確保措置による控除数量

図5-1　秋田県の主食用米の生産数量目標配分決定方法

資料：秋田県庁への聞き取り調査により作成

では生産調整面積が大きくなっていた。

　しかし、戸別所得補償モデル対策が始まった2010年産にはペナルティ措置の廃止が国によって要求された。そこで秋田県では2010年産の市町村別の主食用米生産数量目標の算定について、2009年産の市町村別生産数量目標（⑤）に、県の前年度と今年度の目標数量の比率（⑥）を乗じ、10年産の算定における公平性確保措置でプラス配分となった21市町村から当該数量を削減し（⑦）、ペナルティにより主食用米作付数量を削減された3市村に追加配分（⑦）するようにした。つまり、主食用米の過剰作付地域では生産調整面積が緩和される一方で、残りの地域ではこれまで以上に生産調整が強化されることとなった。

表 5-1　秋田県の生産調整率（配分）

単位：%

			2009年	2010年
秋田県			36	36.7
22市町村			34.6	36.1
主食用米過剰作付地域	大潟村		51.4	42.4
		転作実施者	31.2	36.7
		2010年新規参加者	69	47.6
		不参加者	69	47.6
	能代市		38.3	37.9
	潟上市		37.1	37.7

資料：秋田県庁の聞き取りにより作成。

　秋田県の生産調整率（配分）は、2008年度では35％、09年度は36％、10年では36.7％と高まった。09年と10年の変化を市町村でみると、これまで主食用米の生産数量目標をオーバーしていなかった22の市町村では生産調整率は09年度が34.6％だったものが10年度には36.1％と県の伸びよりも大きくなった（**表5-1**）。その一方で、これまで生産調整配分面積が大きかった地域では配分面積が減っている。とくに大潟村では09年が51.4％だった生産調整率が10年には42.4％にまで減り、10年から新たに生産調整に取り組む農家に対しても配分率は47.6％と大きく引き下げられることとなった。

（2）主食用米の過剰作付けが減少

　秋田県の2009年産の主食用米の生産数量目標は、面積換算すると8万1,615haであった。実際に作付けられた面積は8万4,799haであり、3,184haの過剰作付けであった。主食用米配分数量のペナルティにより、生産調整が多く配分された大潟村では、主食用米の過剰作付面積が3,230haあり、秋田県の過剰作付は大潟村の影響が大きかった。大潟村を除けば、09年産の主食用米の生産数量目標（面積換算）は7万7,320haで、実際に作付けられた面積は7万7,274haと、目標面積を46haだけ下回っていた。

　2010年産では生産数量目標（面積換算）が8万703haに対し、作付面積は8万1,517ha（このうち92.2％の7万5,147haは米モデル事業に加入）と、過

剰作付けではあるが、その面積は814haにまで大きく減った。これは大潟村での過剰作付けが前年の3,230haから647haにまで大きく減ったことが大きい。大潟村ではペナルティの廃止により10年産の主食用米の生産数量目標が前年の4,295haから5,100haへと増えたこともあるが、生産調整に取り組む農家が増えたことが大きく影響した。09年は523戸の農家のうち生産調整に取り組んだ農家は259戸であったが、10年では442戸へと急増し、農家全体の85％になった（09年は49.5％）。生産調整実施（予定）面積も09年の2.7倍に増え、目標面積の81％に達する見通しである（09年は29.9％）。大潟村で主食用米の過剰作付けが大きく減ったことは、生産調整の達成を加入条件とする米モデル事業の影響が大きかったといえよう[2]。

しかし一方で、大潟村を除く市町村の主食用米生産数量目標（面積換算）は7万5,603haであったが、作付面積は7万5,770haであって、167haの過剰作付けとなったことも看過できない。

（3）主食用米の過剰作付地域は拡大

秋田県全体としてみれば、モデル対策のもとで主食用米の過剰作付は大きく減少した。しかし一方で、これまで過剰作付地域ではなかったところで、過剰作付けになる地域がでてきている（**表5-2**）。また、これまで転作を超過達成してきた地域で、過剰作付けとまではいたってないが、転作面積を減らして主食用米を作付ける動きがでている。秋田県には26の地域水田協議会があるが、2009年度で主食用米を過剰作付けしていた地域は4市村4水田協だけであった。ところが10年度では12市町村14水田協にまで増えた。また、09年度よりも主食用米の作付面積を増やした地域は17水田協にのぼり、このうち12水田協までが過剰作付けになった。

（4）生産調整の態様の変化

2010年度から水田利活用自給力向上事業が実施された。その助成水準は全国一律の単価設定であったが、秋田県には激変緩和措置が講じられることと

表5-2 秋田県の地域別の主食用米過剰作付面積の変化

単位：a

水田協議会		09年主食用米過剰作付面積①	10年主食用米過剰作付面積②	主食用米増加面積 ②－①
県北	A	-2,568	-3,404	-836
	B	-51	641	692
	C	-1,626	-4,063	-2,438
	D	-4,278	-252	4,026
	E	17,212	15,879	-1,333
	F	-507	-1,050	-543
	G	-123	284	406
	H	-465	-335	130
県央	I	-288	-12	275
	J	1,965	3,723	1,758
	K	-291	804	1,095
	L	825	924	99
	M	-313	1,086	1,399
	N	-1,808	-2,599	-791
	O	-17	521	537
	P	-101	495	596
	Q	323,012	64,729	-258,283
	R	-1,302	-2,374	-1,072
	S	-838	-1,386	-547
県南	T	-531	-1,801	-1,270
	U	-545	682	1,227
	V	-813	1,668	2,481
	W	-5,209	6,183	11,391
	X	0	3,266	3,266
	Y	-1,967	-1,689	278
	Z	-1,022	-499	522

資料：JA秋田中央会作成資料による。

なった。それに加えて県、市町村、JAグループがそれぞれ上乗せ措置を追加したことで、最終的には前年なみの助成水準が維持された。しかしながら、10年度は秋田県の生産調整に大きな変化が起きた。ひとつは大豆の作付面積の減少であり、もうひとつは加工用米の増加である。

大豆の作付面積は09年度（実績）が9,672haであったのに対して10年度（7月末時点の水田利活用自給力向上事業に加入した面積）は8,253haへと14.7％、面積にして約1,400haも減少した（**表5-3**）。経営安定対策に加入申請した大豆の面積でみても15.2％も減少している。全国は6.3％減だったことをふまえると、秋田県では大豆の作付面積が大きく減ったことがわかる[3]。

他方で、自給力向上事業では加工用米に10a当たり2万円の助成がなされ

第5章 戸別所得補償モデル対策下における秋田県水田農業の構造再編

表5-3 秋田県の生産調整への取り組み

単位：ha

		主食用水稲	うちモデル対策加入	大豆	麦	飼料作物	ソバ	加工用米	新規需要米
実数	08年	85,852		10,060	369	2,457	1,945	2,124	658
	09年	84,822		9,672	587	2,818	2,033	3,437	1,255
	10年	81,517	75,147	8,253	495	2,350	1,801	8,023	2,176
増減率	08-09	-1.2		-3.9	59.1	14.7	4.5	61.8	90.7
	09-10	-3.9		-14.7	-15.7	-16.6	-11.4	133.4	73.4

資料：JA秋田中央会作成資料による。
注：1) 新規需要米にはWCS用稲、米粉用米、飼料用米、バイオ燃料用米が含まれる。
　　2) 2010年は水田利活用自給力向上事業の加入面積。
　　3) 2008年は実績、2009年は7月末時点。

るようになった。それをうけて加工用米は2009年度の3,437haから10年度には8,023haへと133.4％（約4,600ha）も増加した。全国でも加工用米の作付面積は前年度比約50％の伸びだったが、秋田で大きく伸び、加工用米の作付面積は全国でもっとも多い地域となった。

　秋田県の加工用米は2009年から10年にかけて4,586haも拡大したが、増加面積の4割強は大潟村での作付拡大が影響している。大潟村で加工用米の作付けが伸びたのは生産調整実施農家が増えたからである。大潟村では09年から10年にかけて生産調整実施面積は1,687ha拡大した。この間、大豆の作付面積は603haから348haに減る一方で、加工用米の作付面積は1,948ha拡大した。大潟村の生産調整実施面積の拡大は加工用米を中心に行われた。大潟村では加工用米は全農あきたを通さずに地域流通で東京の業者に販売しており、加工用米の60kg当たりの価格はもち米が1万円、うるち（めんこいな）が9,000円である。また加工用米の単収は12俵と高い。なお、加工用米の作付面積のうち5割以上はもち米となっている。

　以下の事例分析では、モデル対策を受けた現場の対応を具体的にみていく。

3．平坦水田農業地域で展開するAファーム

（1）K集落の特徴

　K集落は大仙市の中心部から東に5kmほどの平坦地に位置する。集落の総世帯数は24戸で農家戸数は14戸である。5戸すべての認定農業者を含む11戸がAファームに参加している。K集落の水田面積は37.3haで、このうち33haをAファームが集積している（ファームの集積面積は35.9haだが、2.9haは集落外にある）。

　2010年度のK集落の水田の利用状況は、水稲作付面積が24.5haで生産調整面積が12.8haである。生産調整の内訳は大豆8.7ha、アスパラガス2.3ha、加工用米1.4ha、ニンニク（露地）30a、ホウレンソウ（ハウス）10aである。

　Aファームが設立される以前は、生産調整は個別対応のバラ転であって、小麦や野菜、調整水田など様々であったが、2006年にAファームが設立され、08年からは本格的な大豆生産に取り組み、09年にはブロックローテーションも取り入れている。

　K集落では県営圃場整備事業（1989～94年）や担い手育成基盤整備事業（1992～98年）が相次いで実施された（集落全体の水田の9割は30a区画）。圃場整備されるまでは排水不良田もあり、圃場によって米の収量差があったが、圃場整備によって用排水分離も進み、暗渠排水も施工されたため、圃場ごとの収量差は改善された（米の単収は590kg、大豆の単収は240kg）。実勢小作料は10a当たり2万円である。

（2）Aファーム設立までの経緯

　K集落では2005年3月に「K共同機械組合」（以下、K組合）が認定農業者5名を含む7名によって設立された。田植機が更新時期にさしかかった2戸の農家が共同で田植機を購入する話をしていた。その話を聞きつけた別の農家が自分も参加したいということになり、それが徐々に広がって、最終的に

7名が集まった。田植機が古くなり更新時期が近づいていたが、個別に更新するのは困難という判断からであった。

自己資金を出し合って8条植えの田植機を1台購入し、田植機を共同所有・共同利用するK組合を立ち上げた。水稲作付面積に応じて10a当たり5,000円をK組合に作業委託料として支払い、作業は当番制で行うこととし、出役した者には労賃として時給1,000円を支払った。なお、当時は田植え以外の作業はすべて個別対応であった。

そうした中で水田・畑作経営所得安定対策の話が浮上した。この時、集落全員で同対策に取り組もうという話になったが、新しく参加する農家を既存のK組合に取り込むのではなく、新たに別組織を立ち上げるほうが参加しやすいのではないかということで話がまとまった。集落の全ての農家に声をかけ、最終的にK組合に参加していた7名を含む11名で、2006年11月にAファームを設立した[4]。

ところで、2007年から本格的な活動を開始したAファームであったが、この年はまだ枝番管理であった。プール計算に取り組むのは08年からである。08年からは、水稲（加工用米含）を減農薬栽培である「あきたecoらいす」基準で栽培している[5]。その際、農薬のみならず、施肥計画のもと肥料の種類や散布量、散布時期についても統一することとなった。加えて、同年から本格的な大豆生産に取り組むことが決まり、これを契機に米と大豆のプール計算に取り組んでいる。本格的な大豆生産の背景には「地域水田農業活性化緊急対策」がある。同対策は、08年産から生産調整（転作）面積を拡大する農業者に対し、生産調整の拡大分について、地域協議会との5年契約（5年間の継続が前提）のもと、08年産の面積単年度限りではあるが、麦・大豆・飼料作物等の作付拡大面積に応じ5万円/10aの緊急一時金（「踏切料」）を交付するものである。

2007年までの生産調整は大豆5ha、小麦1haの他には野菜転作や調整水田による対応であったが、同対策をうけて大豆を15haにまで拡大した。産地づくり交付金で大豆を8ha以上に団地化すれば10a当たり7.1万円の助成金

111

が入ることも後押しとなった。大豆を拡大するにあたり、枝番管理のままでは不公平がおきると考え、プール計算に取り組むことにした。

現在、米や大豆だけでなく、ファームで栽培している野菜までもプール計算である（ファームに持ち込んだ農地については、作付計画をファームが立てるため、構成員が持ち込んだ農地に、自由に転作地や転作作物を決めることはできない）。

（3）Aファームの事業内容と戸別所得補償制度下での動き

2010年のAファームの構成員の経営面積は35.9ha（うち隣集落の農地が2.9ha）である。このうち1.8haはファームとは別に構成員が独自に野菜を作付けているもので、ファームの経営からは除外されている。したがって、共同作業の対象となるファームの集積面積は34.1haである。Aファームの作付面積は主食米23.6ha、転作10.4haであり、転作の内訳は大豆8.7ha、加工用米1.3ha、ニンニク30a、ホウレンソウ10aである。

Aファームでは畦畔管理と水管理を除いてすべての作業が共同化されている。共同作業に関する出役は特定の農家に集中させるのではなく、できるだけ均等になるように調整している。共同作業は各自が持ち込んだ農地に関わらず行っている。共同作業の出役労賃は、どの作業に関わっても時給1,000円に統一されている。設立当初は800円であったが、出役者の確保に苦労したため1,000円に引き上げたという。他方で、共同化されていない畦畔管理と水管理は、持ち込んだ農地のみを行う。これに対する労賃の支払いはなく、配当に組み込まれている。

2009年度の収入は4,415万円である。主な内訳は米販売代金2,340万円、大豆販売代金258万円、野菜販売代金49万円、産地づくり交付金1,186万円、経営安定対策補填金180万円である。

一方の支出は2,071万円である。支出で大きいのが支払い労賃921万円と機械購入の借入金返済252万円、及び農薬費191万円、肥料費134万円である。

差し引き2,344万円が構成員の持ち込み面積に応じて配当される。持ち込

第 5 章　戸別所得補償モデル対策下における秋田県水田農業の構造再編

んだ農地に何を作付けられても配当は面積当たりで支払われており、10a当たりでみると7万2,000円という高い配当になっている。

　Aファームでは戸別所得補償制度のもとで、2009年度と10年度で作付面積に大きな変化が起こった。転作の超過達成をやめ、大豆の作付面積も減らす一方で加工用米を増やしたことである。水稲の種子注文との関係で、10年度の作付計画を立てていた1月に「水田利活用自給力向上対策」の概要がでてきたが、そこには全国一律の交付単価で大豆は3万5,000円の一方で新たに加工用米には10a当たり2万円が支給されるというものだった。大豆には上乗せはあるという話も聞いていたが、どの程度の水準か明確ではなかった。そこで10年度は、生産調整配分面積以上の転作をやめ、生産調整を4.8haも超過達成していた部分をすべて主食米に切り替えた。さらに、配分面積10.4haを消化するに当たって、踏切料の返還を求められないよう大豆の作付面積は緊急対策で結んだ契約面積8.7haを維持した。これに野菜転作している40aを加えても足りない部分を加工用米1.3haで補うことにした。転作の超過達成をやめたのは、転作よりも主食米に魅力がでたためであり、大豆から加工用米に切り替えたのは、2万円の助成がつくことで、大豆よりも収益性が高いと判断したためである。JA秋田おばこは、加工用米を全農あきたを通さず直接酒造メーカーと契約しており、加工用米（1等）の農家への仮渡し金は60kg当たり8,500円と県内他地域よりも高くなっている（加工用米の9割以上が1等）。また加工用米は単収12俵を見込めることも切り替えた要因である。加工用米に2万円が付く限りは加工用米の方が取り組みやすいとして、可能ならばすべて加工用米で対応したかったというが、踏切料を反古にできないこと、大豆関係に機械を導入したばかりで、活用せざるをえないこと、育苗ハウスの利用限界もあることから、すべてを加工用米で対応することにはならなかった。なお、来年度についても、生産調整配分面積以上に転作するよりも主食米を作った方が得であるとして、配分面積以上に転作はしないという。さらに転作についても大豆は今年度と同様の作付面積とし、それで足りない部分を加工用米で補うという。

（4）構成員の特徴

　2010年7月にAファームの全構成員11戸を調査した（**表5-4**）。水田経営面積は1ha未満が2戸、1～2haが2戸、2～4haが2戸、4～5haが3戸、5ha以上が2戸で最大規模は6.3haである。水田借地があるのは7戸で、うち4戸は借地面積が1haを超えている（最大借地は4.3ha）。

　構成員のうち、担い手農家は経営主が農業専従で、Aファームに持ち込まない一部の農地で個別にアスパラやホウレンソウ、エダマメ（菌床椎茸）などの複合部門を独自に展開している。それ以外の農家は、経営主が他産業従事で、水田のすべてをファームに持ち込んでいる。

　K集落では、米価下落による稲作所得の減少をうけ、個別に機械を更新していくことが困難になり、認定農業者を中心に田植機の共同所有・共同利用への取り組みが開始された。そこに経営安定対策の話が登場したため、集落全体を取り込んだAファームを設立した。Aファームは、設立当初こそ枝番管理方式の個別的土地利用であったが、その後、ブロックローテーションと団地化を基礎に、構成員が持ち込んだ農地に関わらない実質的な作業共同化とプール計算を実施している。その結果、機械共同利用と効率的な土地利用によるコスト低減効果が発揮され、構成員に対して10a当たり7.2万円という高い配当を実現している。この実質的作業共同化をもたらした要因は、①同規模の担い手農家が多く、米価下落のもとでこれら担い手経営の個別展開の限界性が明らかであったこと、②大豆転作の拡大ならびに団地化に係る助成金水準の高さ、③あきたecoらいす基準に取り組むことで栽培方法を統一したこと、④基盤整備による地力平準化の4点である。

　Aファームで注目すべき点は、共同作業と利益配分のあり方にもある。Aファームの共同作業は、構成農家間でできるだけ平等な出役日数になるように調整しており、担い手を絞り込んでいない。一方の利益分配では、ファームへの持ち込み面積に応じた高い配当を確保している。面積当たりの配当に重きがおかれているため、調査した7月時点では米モデル事業の1.5万円も

第 5 章　戸別所得補償モデル対策下における秋田県水田農業の構造再編

表 5-4　A ファーム構成員の概要

類型	農家番号	構成員	水田経営面積			集落外の経営地	ファームへの持込面積	ファーム外の農地利用			共同作業出役日数		09 年度の配当・労賃		認定農業者	役職
			自作地計	自作地	借地			面積(a)	作物	販売額		うち経営主	配当	労賃		
Ⅰ	①	54B20	625	198	427	120	590	35	アスパラ	210 万円	70	60	426 万円	100 万円	○	理事
	②	47A300	507	367	140	140	492	15	えだまめ	※400 万円	45	21	355 万円	50 万円	○	代表
	③	66A200	491	371	120		426	65	アスパラ	455 万円	14	10	308 万円	10 万円	○	
	④	58A90	470	230	240		467	3	ホウレンソウ	60 万円	47	40	337 万円	80 万円		監事
	⑤	58A250	285	235	50		223	50	アスパラ	200 万円	33	30	161 万円	60 万円		会計
Ⅱ	⑥	51C25	417	417	0		417				45	15	301 万円	70 万円	○	監事
	⑦	57D	302	287	15		302				40		218 万円	不明		
	⑧	63A40	181	181	0		181				41	40	131 万円	32 万円		
	⑨	62C50	157	100	57		157				7	4	113 万円	7 万円		
Ⅲ	⑩	59C30	82	82	0	30	82				–	–	–	–		
	⑪	42C10	70	70	0		70				39	7	51 万円	30 万円		

資料：農家調査により作成。

注：1) 家族労働力の項目では、年齢、従事状況、従事日数の順になっている。従事状況の記号は、A：農業のみ、B：農主他従、C：他主農従、D：他産のみ、E：無就業・家事育児、F：学生である。
　　2) ②は 2010 年からえだまめ 15a の栽培を開始している。なお、販売額は菌床しいたけ 4,800 菌床分である。
　　3) 構成員は、K 組合に参加し、経営主が農業専従で、A ファームに持ち込まない一部の農地の農地で個別にアスパラやホウレンソウ、エダマメなどの複合部門を独自に展開している農家（類型Ⅰ）、K 組合に参加し、経営主が他産業従事で、水田のすべてをファームに持ち込んでいる農家（類型Ⅱ）、A ファームになってから新たに参加した農家（類型Ⅲ）の 3 タイプに分けられる。

第Ⅱ部　集落営農組織の展開と水田農業政策の転換

構成員に面積当たりで配当されるとのことであって、戸別所得補償制度によって組織からの脱退者がでるとは考えにくく、組織の展開に大きく影響はしないと考えられる。

4．中山間地域で展開する集落営農組織におけるモデル対策への対応

（1）N集落の特徴

　N集落は湯沢市の中心部から南に約30kmの中山間地域に位置する。集落の総世帯数は39戸で農家戸数は33戸である。認定農業者は4戸で、これらを含む25戸がB営農組合に参加している（**表5-5**）。営農組合に参加していない農家は10aにも満たない飯米農家である。

　N集落の水田面積は33haで、このうち31.6haをB営農組合が集積している。

　基盤整備は1967年に実施されたが、それ以降に整備されてはおらず、圃場区画は10a未満が3割を占め、全体の8割以上は20a未満である。米の単収も520kgと低く、実勢小作料は1万円となっている。

（2）B営農組合設立までの経緯

　B営農組合は2007年3月に24名で設立された（前身組織はない）。水田・畑作経営所得安定対策が登場した際に、個人で面積要件を満たすことができた農家は1戸しかおらず、多くの農家は対象からはずれることが予想された。集落営農組織を設立すれば対象になるというJAの指導のもと、組織化にいたった。しかし、集落営農を組織化したといっても、個別経営の積み上げという枝番方式による運営である。個別経営の積み上げで、各農家がそれぞれ作業しているため、オペレーターは配置されていない。構成員間の作業受委託はあるが、それは組織を通したものではない。設立以降、毎年10a当たり1,000円の賦課金を徴収し、それを話し合いの経費に活用している。話し合いは頻繁に行われているとのことである。

第 5 章　戸別所得補償モデル対策下における秋田県水田農業の構造再編

表 5-5　B 営農組合の構成員の概要

単位：a

農家番号	同居家族	家族労働力 男性	家族労働力 女性	認定農業者	水田経営面積 借地	生産調整の態様 調整水田	生産調整の態様 自己保全管理	生産調整の態様 野菜他	現在の機械装備状況 トラクター	現在の機械装備状況 田植機	現在の機械装備状況 コンバイン	販売総額
1	4	52A250	75A250 50B150		456	72		62	60			○	390万円
2	2	63B150		○	337	28	44	27	49	○	①から借入	○	325万円
3	3	71A		65A200	34C		292	46		40	69	○	○	185万円
4	4	56B240	55B240	○	242	0	2	51	33	○	○		360万円
5	3	67A200	67A150		202	0	7		54	◎[10]	◎[10]	◎[10]	280万円
6	3	73A200 42C20	70A50		201	61	5	56	11		◎[8,18]	◎[8]	170万円
7	3	61A200 35C30	60A200		199	89	11		60		○	◎[11]	330万円
8	2	64A10	61A7		194	0	5	64	1		◎[6,18]	◎[6]	120万円
9	7	75A60 49A30			144	0	12	18	9				120万円
10	2	59C	56A	○	135	0	10	7	29	◎[5]	◎[5]	◎[5]	250万円
11	4	74A200 44C30	65A200		106	0			38	○	○	◎[7]	173万円
12	2	78A	74A		102	0			36	○	○		80万円
13	1	77A60			75	20		2	26	○			53万円
14	6				70	0		18	6				0円
15	5	49C60	43C20		68	68			9	○		○	60万円
16	4	72A 34C	66A		61	0	10		14	○	○		50万円
17	3	65A	61A		55	0	13			○	○		34万円
18	6	57C	48B		45	0			15	○	○[6,8]		70万円
19	3	76A			35	0				○	○		26万円
20	2	66C			35	0	3		6	○	○		16万円
21	3	78A	77A		31	0			5	○	○		25万円
22					24	N.A.							
23	4	85A150	56C30		23	0	8		9	○			4万円
24		50A			16	N.A.							
25		56C30			11	N.A.							

資料：農家調査により作成。

注：1）家族労働力の項目では、年齢、従事状況、従事日数の順になっている。従事状況の記号は、A：農業のみ、B：農主他従、C：他主農従、D：他農業のみ、E：無就業・家事育児、F：学生である。
2）機械所有は、○は個人所有、◎は共有を表し、[ ]は共有先の農家番号である。
3）農家番号 22、24、25 の経営内容については、調査できていない。

2008年度の収入は2,032万円である。内訳は米販売代金1,897万円、経営安定対策補填金120万円、その他16万円である。一方の支出は396万円である。支出の44％（174万円）は肥料費で、31％（122万円）は農薬費である。共同作業やオペレーターによる作業受託も行っていないため、労賃の支払いはない（役員手当が12万円）。2008年度は当期利益が1,637万円あり、これが分配金として構成員に支払われる。当期利益を単純に水稲面積で割ると10a当たり7万4,000円となるが、ここから種苗費、光熱動力費、償却費、作業委託料などを除いたものが個別構成員の所得となる。

（3）B営農組合の戸別所得補償制度下での生産調整対応の動き

2010年のB営農組合の構成員の経営面積は31.6haである。作付面積は主食用水稲が22haであり、生産調整面積が10.1haである。B営農組合の対象作物は米のみであり、転作分は個別に対応している。

生産調整の中身は調整水田1.2ha、自己保全管理3.6ha、野菜等5.3haである。生産調整面積の約5割が調整水田や自己保全管理となっている。

調整水田や自己保全管理水田が多い理由は圃場条件の悪さにある。陽当たりが悪い水田や排水不良水田で調整水田や自己保全管理による転作対応になっている。こうした水田は稲を作付けても収量が低く、また排水不良のため野菜づくりにも向かないという。

水田利活用自給力向上事業をうけて、調整水田や自己保全管理水田に、10a当たり8万円の助成金が付く新規需要米を作付けたいと考えた農家もいたが、JAが売り先を見つけられなかったため、作付けにはいたらなかったという。他方で加工用米は、実需との関係では作付けることが可能であったが、当地域は単収が低いため10a当たり2万円の助成金を加えても採算が取れないという。さらに作業委託している農家では、作業委託料を支払ってまで調整水田等に新規需要米や加工用米を作付けるメリットがないとのことである。

また、水田協の中でとも補償のやりとりをしてきたが、今年は当地域が属

する水田協（前掲**表5-2**の水田協X）でも主食用米の過剰作付けとなった。これまでとも補償で拠出金を払って（米を作付けることで）転作を消化してきた農家では、今年はとも補償の受け手が見つからず、その分を自己保全管理で対応したという。

　中山間地域で基盤整備が遅れている当地区では、基盤整備が遅れていることによる生産条件の悪さが原因で、稲の収量が低い圃場や、稲や野菜の作付けが困難な農地が多い。こうした水田は調整水田や自己保全管理になっているが、実需との結びつきが難しい新規需要米の作付けは進まず、他方で加工用米は2万円という助成水準がついても、収量の低さ、作業委託料負担があり、稲による転作に取り組めない。とも補償の受け皿の減少によって調整水田や自己保全管理による転作対応が増加した。

　B営農組合は、枝番管理の個別対応型集落営農組織であり、現時点で組織化のメリットは、経営安定対策の対象になれたこと以外はほとんどない。しかし、高齢化や後継者不足が深刻で、地域農業の展開を見据えた場合、農作業や農地の受け皿として集落営農が期待されており、戸別所得補償制度が本格実施されても組織からの脱退の可能性は低いと考えられる。

5．おわりに

　2010年に実施された「戸別所得補償モデル対策」による秋田県水田農業への影響は生産調整に関連して現れている。

　第1に、主食用米の過剰生産をめぐる動きである。秋田県全体としては、2009年までと比べて主食用米の過剰作付面積が大きく減った。これは大潟村で過剰作付けが大きく減ったことによるところが大きかった。しかしなお、秋田県の過剰作付け解消にはいたっていない。

　その一方で、大潟村以外で過剰作付けになる地域が拡大している。09年では過剰作付けであった地域（水田協）は大潟村を含め4つであったが、10年には14水田協になっている。また、過剰作付地域以外も含めると、09年より

も主食用米の作付面積を増やした地域は26ある水田協のうち17にのぼる（主食用米の過剰作付けにはなっていないが、転作面積を減らして主食用米を作付けた地域も5ある）。つまり、これまで過剰作付け地域ではなかったところが過剰作付けになっていること、過剰作付けではないにしても、転作の超過達成が減り、その分が主食米生産へ向けられていること、とも補償の取り組みも弱まっていることが動きとして注目される。

　こうした動きの背景には次のことが影響したと考えられる。秋田県では、2009年度までは飯米農家に対しては全量米の作付けを推進していたが、10年度からは飯米農家にも生産調整を一律に配分することにした。飯米農家はモデル事業に参加していないため、生産調整に取り組まない。一方で、主食用米の作付面積に対して10a当たり1.5万円が支払われる米モデル事業のもとで、これまで生産調整を超過達成していた農家が超過転作を止め、その分を主食用米の作付けに回した。従来であれば、地域達成のためにとも補償によって過剰作付けを相殺してきたが、地域達成が問われなくなったため（ペナルティがない）、とも補償に取り組まなかったところも多く、飯米農家の作付けがそのまま過剰作付けとなって現れたと考えられる。

　戸別所得補償モデル事業の秋田県への影響をまとめると、同制度のみでの需給調整には限界があると考える。

　第2に、生産調整態様の変化である。生産調整においては、大豆の作付面積が大きく減る一方で加工用米が拡大している。加工用米の拡大は、ひとつは大潟村において生産調整に新たに参加した農家が加工用米による転作対応をとったためであった。もうひとつは、大潟村以外の地域でも、Aファームの事例でみたように加工用米の収量が高く、地域流通で販売価格も高い地域では、大豆よりも加工用米（＋2万円）に魅力がでたため、これまで大豆を作付けていたところで作付の転換が行われた。大豆から加工用米に転換されたことで、大豆の作付面積が減ることにつながった。また、転作の過剰達成をやめて主食用米を作付ける動きもでており、そうしたところでも大豆の作付面積が減ったと考えられる。

第5章　戸別所得補償モデル対策下における秋田県水田農業の構造再編

　第3に、中山間地域など条件不利地域では、調整水田や自己保全管理水田が解消される傾向にはない。B営農組合の事例でみたように中山間地域など条件不利地域では、生産調整への対応として調整水田や自己保全管理、あるいはとも補償を利用して米を作付けてきた。調整水田や自己保全管理水田への米の作付けは、新規需要米は取引先が見つからなかったこと、加工用米は収量が低いことや、作業委託で稲作を継続している農家にとっては、2万円という助成水準では作付けるメリットが薄い。したがって、調整水田や自己保全管理への米の作付けにはいたらず、水田自給力の向上にはつながっていない。他方で、とも補償が利用できなくなったために、自己保全管理で対応した農家もいた。圃場条件が悪く、単収も低い地域では生産調整の強化にともない、今以上に調整水田や自己保全管理が増える可能性を否定できない。条件不利地域では土地利用の後退が危惧される。

　なお、集落営農に対するモデル対策の影響を最後に付け加えたい。集落営農の展開・継続にかかわっては、秋田県ではモデル事業を契機にした集落営農組織の設立はほとんどない。その一方で、モデル事業を契機とした集落営農組織の解散や組織から脱退した事例も皆無ではないが少ない。事例でみたように、Aファームのように集落営農の取り組みが進んでいるところや、B営農組合のように、高齢化や後継者不足地域の集落営農では個別展開には限界があることから、構成員が組織から脱退する可能性は低いと考えられ、今後とも集落営農組織を中心に地域農業を維持していく方向が追求されると考える。

注
1）枝番管理組織とは、経理の一元化（共同販売経理）といっても、実際は農家ごとに計算しており、また、組織化したといっても個別による営農が継続されている組織のことである。第43回東北農業経済学会岩手実行委員会『集落営農組織の現状と展開方向―岩手県における集落営農組織の調査分析を中心として―』第43回東北農業経済学岩手大会報告書、2008年、p.3が詳しい。
2）生産調整参加農家が急増した要因は、「経営面積のすべてに米を作付けても農業所得で家計費を賄えないが、モデル事業に参加すればなんとか家計費を充

第Ⅱ部　集落営農組織の展開と水田農業政策の転換

　　　足できる水準に到達する」からである（佐藤了・板橋衛・高武孝充・村田武編著『水田農業と期待される農政転換』筑波書房、2010年、pp.19～20）。
3）農水省が2010年10月22日に公表したデータによると、秋田県は大豆の作付面積が前年比16.6％、1,680haの減少で、全国でもっとも大豆の作付面積が減った。都府県は6.4％、7,700haの減少で、都府県大豆の減少の21.8％は秋田が占める。
4）Aファーム設立と同時に、K組合が所有していた田植機を買い取った。さらに、県や国の補助事業を活用しながら機械装備を充実していった。2007年4月に50馬力トラクター2台、水稲用播種機1台、大豆播種・中耕機2台を購入した。20年7月には防除機1台と汎用コンバイン1台を購入している。10年には6条コンバインを導入予定で、それを前提に09年からはメーカーからコンバインをリースして作業している。構成員はAファーム参加後に機械を処分しており、現在の個別の稲作機械装備は2戸がコンバインを共有しているのみである（今後更新はしない）。その一方で、小規模なトラクターや管理機は園芸作に使用するため所有している。
5）「あきたecoらいす」は慣行栽培に比べ、使用農薬を5割以上削減する栽培体系である。秋田県、JA全農あきたでは、2010年度の全県普及を目指して、08年度からモデル圃場を設け、実証している。現在、ecoらいす基準で栽培した米の仮渡し金は慣行栽培と同額である。

第6章

政策対応型集落営農組織の新たな動きと農地集積
（法人組織）

1．研究の背景と課題

　国は「日本再興戦略」をふまえた「攻めの農林水産業」のもと、新たな農政の方向を次々と打ち出し、農業改革を行うこととしている。そして、米の直接支払交付金の半減さらには廃止に加え、経営所得安定対策の対象を認定農業者や集落営農組織などに限定するとした。農水省は経営所得安定対策の対象者の限定に合わせ、集落営農の育成を進める方針で、法人化を視野に入れた集落営農組織づくりを促す考えだという[1]。2002年の担い手経営安定対策以降、集落営農組織は経営政策の対象となり、担い手の1つとして水田農業構造改革を推進するためのものとして政策的に位置づけられてきたが、あらためてその育成や法人化が政策的に位置づけられた。

　また国は、農地集積を進め、今後10年間で担い手の農地利用面積が全農地の8割（現在は5割）となる効率的営農体制を創るとした。土地利用型農業にあっては、基幹的農業従事者1人が平均10ha耕作する姿を視野に農地集積を図るとされた。なお、農業センサス（都府県）を確認すると、経営耕地面積10ha以上販売農家の戸数増加率は、2000〜2005年が47.3％だったものが、2005〜2010年にかけて33.3％へと減速し、経営耕地面積増加率にあっては57.9％から6.6％へ急落しており、大規模個別経営への農地集積は困難をきわめている。大規模個別経営への農地集積が進まない一方で、2005〜2010年にかけて10ha以上の組織経営体の増加（経営体数140％増）と、農地集積の拡大（経営耕地面積176％増）が加速しており、集落営農をはじめとする大規

第Ⅱ部　集落営農組織の展開と水田農業政策の転換

模組織経営体が農地集積の主役になりつつあるといえよう。

　こうした動きは水田経営所得安定対策に対応するために集落営農組織が急増したことが大きい。ただし、集落営農組織の急増は、集落営農ベルト地帯と呼ばれ、もともと集落営農が多かった北陸、近畿、中国では見られなかった[2]。集落営農ベルト地帯とは対照的に集落営農が急増したのは北九州や東北であるが、こうした地域の集落営農組織は共同化の内実をもたない「枝番管理」と呼ばれる組織が多く含まれていることは多くの研究が指摘しているところである。枝番管理の集落営農組織は、経理の一元化（共同販売経理）によって、組織で経理を行うといっても実際は農家ごとに計算し、また、組織化したといっても個別による営農が継続されており、「形式的な作業共同化」にとどまるものが少なくない[3]。ところが、枝番管理の集落営農組織が法人化することで、「実質的作業共同化」に取り組む形態へと展開し、また園芸作の導入を図るなど、農業の担い手として発展している事例がみられる。

　本章では、政策対応として急増した集落営農組織が、その後法人化することで、今後の担い手、あるいは農地集積の受け皿としての展望があるかを、①集落営農組織の経営内容・資本蓄積条件の考察と、②農業従事者の確保（主たる従事者とその他農作業従事者）の可能性からみる。

2．集落営農法人の展開

（1）調査事例の位置づけ

　梅本（2014）は集落営農の組織形態について、任意組織では内部留保できず、資本蓄積や固定資産の保有を行えないため、法人化の必要性を説いている[4]。さらに、地域を維持するためには利益を上げていくことが重要であって、直販や加工部門の導入など積極的な事業展開が求められ、雇用・従事者の確保のための労災、福利厚生対策のうえでも法人化が必要という。

　全国の集落営農組織の生産性を、任意組織と法人組織で比較したものが**表6-1**である。労働時間当たり農業所得、10a当たり農業所得いずれも、すべ

第6章 政策対応型集落営農組織の新たな動きと農地集積（法人組織）

表6-1 水田作経営の集落営農の経営比較（全国、2012年）

		平均	10ha未満	10〜20	20ha以上	20〜30	30〜50	50ha以上
任意組織	構成員労働時間当たり農業所得（円）	2,085	1,417	2,152	2,138	1,878	2,042	2,262
	10a当たり農業所得（千円）	30	43	34	30	30	31	29
	専従構成員一人当たり農業所得（千円）	4,165	2,817	4,307	4,276	3,769	4,091	4,527
	専従換算農業従事者数（人）	2.57	1.05	1.19	3.58	1.94	2.92	5.55
法人組織	構成員労働時間当たり農業所得（円）	3,315	1,942	2,735	3,606	2,662	3,776	4,223
	10a当たり農業所得（千円）	62	63	65	61	59	61	63
	専従構成員一人当たり農業所得（千円）	6,632	3,892	5,470	7,220	5,323	7,562	8,441
	専従換算農業従事者数（人）	3.58	1.65	2.54	4.67	3.41	3.93	8.35

資料：農業経営統計調査・組織経営の営農類型別経営統計による
注：任意の集落営農は、「任意組織経営の水田作経営のうち集落営農」のデータで、法人集落営農は、「組織法人経営の水田作経営のうち集落営農」のデータである。

ての階層で法人組織の方が高い。専従者も法人組織の方が多く確保されており、専従者1人当たりの農業所得も、他産業の一般労働者の年間給与総額484万円を上回っている[5]。

　法人化した集落営農組織は任意組織と比べて土地生産性、労働生産性ともに高く、専従者もより多く確保されている。よって、政策対応型集落営農が多い地域の中でも、法人化が進んでいる地域を対象とする。

　東北の中でも経営所得安定対策への対応で集落営農が設立された割合が高いのは秋田であり[6]、法人化した集落営農の割合も東北他県よりも頭ひとつ抜け出している（法人化割合は秋田が27.1％、東北は15.3％）。

　本節では集落営農の実態把握とその性格規定、今後の課題を析出したい。具体的には、ひとつは農地集積によって規模拡大・大規模経営体への展開が展望できるか、もうひとつは東北農業の課題である稲単作からの脱却・克服＝複合化・多角化を図ることができるかである。

　事例として取り上げるのは、経営安定対策を受けて設立された集落営農組織で、これまでの個別対応的な集落の水田農業のあり方にまったく変更を加えず、組織形態だけが整えられた、いわゆる枝番管理による形式的な集落営農組織化であったものが、その後法人化し、新たな経営展開を図っている組織である（表6-2）。

表6-2 事例組織の概要

組織名	設立年	参加農家数（戸）	経営面積（ha）	対象作物	法人化年
NHファーム	2007	18	30	米	2009
MSファーム	2009	19	40	米、ソバ	2012
NK	2006	34	57	米、とんぶり	2012
KY営農組合	2006	33	42	米、大豆	2011

資料：聞き取り調査により作成。

（2）農事組合法人NHファーム（集落営農からそのまま法人化・全農家参加型）

1）概要

　水田・畑作経営所得安定対策への加入を目指して集落の農家23戸のうち18戸が参加した集落営農組織NHファームが2007年3月に設立された。

　参加メンバーの全員が兼業農家で、秋田県内陸部という兼業条件がそれほど恵まれていない地域のため、農業所得が家計費を補うものとして不可欠であり、その所得確保のために効率化が求められていた。また農業後継者を確保している農家が少なく、いずれ農地はファームに貸し付けたいという要望が強かった。農業機械の調達には法人化した方がメリットがあると考えたことから2009年3月に17戸で法人化した（現在19戸）。法人化した当時の経営面積は24.8haであったが、2014年度には31haにまで増えている。さらに2016年2月には農地中間管理事業で1haを借受予定である。

　2013年度の作付面積は主食用米14.8ha、転作として飼料用米9.5ha、枝豆4.7ha、ソバ1.1ha、セリ4a、ひまわり43a、トウモロコシ（生食用）23a、白菜11a、じゃがいも8a、かぼちゃ5a、自己保全管理5aである。

2）法人化による経営内容の変化

　法人化する前は、共同機械所有はなく、各構成員が個別の機械でそれぞれ作業（機械を所有していない農家は構成員間で作業委託）していた。しかし、法人化をきっかけに、組織で機械を購入し、肥料・農薬も統一して、構成員

第6章　政策対応型集落営農組織の新たな動きと農地集積（法人組織）

法人形態	参加農家数（戸）	経営面積(ha)	対象作物
農事組合法人	19	31	米、枝豆、ソバ、セリ、トウモロコシ、白菜、じゃがいも、かぼちゃ
株式会社	9	52	米、ソバ、ネギ、露地リンドウ、枝豆
農事組合法人	3	13	米、きゅうり、ねぎ、山うど、小松菜
農事組合法人	15	20	米、大豆、枝豆、トマト

の所有地にかかわらない機械作業を3名のオペレーターが行うことで作業効率の向上にもつなげている。その他構成員は管理作業（と機械所有農家は基幹作業）を担っている。また、法人化以前はバラ転で、調整水田や自己保全管理も多かったが、法人化してからは、転作の団地化に取り組むとともに、自己保全管理等で対応していた水田にも野菜等を作付けるようになった。法人化してすぐ、行楽シーズンに道路沿いにのぼりを立てて、今摺米を販売するブースを設置し、米の直接販売に取り組んだ。また、転作として取り組んでいる野菜類は、老人介護施設やホテル・旅館などに直接販売している。さらに、NHファームが中心となって地域の他法人と連携し、それぞれの法人がつくっている農産物を詰め込んだ「ふるさと直送便」（1セット3,000円）にも2013年度から取り組んでいる。

3）経営収支

　2013年度の売上高は2,372万円（製品売上高2,194万円、作業受託収入178万円）である（**表6-3**）。売上原価が2,260万円、販売費及び一般管理費が313万円であり、営業利益は200万円の赤字である。営業外収益は1,311万円あって、作付助成が1,056万円、雑収入が255万円ある[7]。営業収支の赤字を助成金が補うことで経常利益は1,108万円となり、農業経営基盤強化準備金に277万円を繰り入れている。当期純利益は474万円で、そのすべてを従事分量配当として構成員に分配している（従事分量配当は時間当たり850円）。構成員は地代として10a当たり1万円の他、草刈りや水管理などの圃場管理を行うこと

で10a当たり１万円を受け取る。また法人の作業の出役時間に応じて従事分量配当を受け取ることになる。従事分量配当が100万円を超える（最大で131万円）３名が法人の専従者（常時出役できる構成員）であり、従事分量配当の76％を占める。３名の専従者は地代、管理料、従事分量配当を合わせても120～150万円の所得にとどまる。

また野菜作などに構成員以外を雇用しておりその費用として223万円を支払っている。

表6-3　NHファームの収支（2013年度）

単位：万円

項目			金額
売上高			2,370
	製品売上高		2,194
		（主食用米）	1,035
		（枝豆）	567
		（ソバ、セリ）	34
	作業受託収入		1,780
売上原価			2,260
	労務費（アルバイト）		231
	圃場管理料		241
	小作料		296
販売費・一般管理費			313
	役員報酬（６名）		99
営業利益			▲200
営業外収益			1,308
	米の直接支払い交付金		198
	飼料用米助成		710
経常利益			1,108
特別利益			133
	農業経営基盤強化準備金戻入		133
特別損失			757
	農業経営基盤強化準備金繰入		277
	固定資産圧縮損		480
税引前当期純利益			484
法人税等			10
当期純利益			474
繰越利益剰余金			85
当期未処分利益			558
従事分量配当			474
次期繰越金			85

資料：農事組合法人NHファーム総会資料による。

４）課題

　所得確保のためには規模を拡大しないといけないが、法人従事者は高齢化しており、労働力がないので、積極的に受けることができないという。農の雇用事業を使って若い人を雇用することも視野に入れており、ファーム外からでも人を確保しなければ若い後継者を確保できないと考えている。また、米の直接支払い交付金は198万円であるが、これが半額になった場合、「現在農業経営基盤強化準備金に277万円繰入れているが、それを減らすことになる」とのことであった。

（3）株式会社MSファーム（少数の担い手による会社化）

1）概要

　MSファームは2009年3月に設立された。参加農家は19戸で、対象作物は水稲とソバのみであった。任意組織だと利益を全部分配するので資産形成ができない点や、規模拡大加算が後押しとなって2012年3月に法人化した。出資者は9名で社員5名（役員2名、社員3名）である。出資金は1株5万円で、社長が100万円で60万円が2名、30万円が2名、5万円が4名である。

2）法人化による経営内容の変化

　法人立ち上げ当初の2012年は経営面積が42.3haであったが、翌年には49.8haまで拡大し、14年では52.3haになっている。また、2016年2月には農地中間管理事業で83aを借受予定である。構成農家19戸のほとんどが高齢化していたことと、小作料は10a当たり1万5,000円と高く設定したこともあり、法人化の際、全員が法人に農地を貸し付けることになった。高い小作料が可能になっていたのは米の直接支払交付金があったためで、同交付金が2014年度から半額になったため、小作料も同年から7,500円に半減している。

　法人化以前は、集落営農の構成員は個別に機械を装備している場合が多く、作業も個別に実施していた。機械を所有していない一部の農家は個別に構成員間で作業委託（コンバインがない農家は集落営農からコンバインを借りて作業）していた。共同作業の取り組みはなく、いわゆる枝番管理方式であった。法人化後は機械を導入し、役員2名、社員3名ですべての作業を分担しながら作業している。稲作の管理作業などの地権者再委託などはしていない。

　法人化する以前は、水稲とソバを対象としてきたが、法人化することで複合化の取り組みも進んでいる。農産物の販売額は3,432万円で、そのうち36％（1,244万円）が園芸部門である。2013年産の作付は主食用米19ha、加工用米5ha、ネギ1.5ha、露地リンドウ13a、枝豆53a、ソバ19haである。その他、自家用野菜転作1.5ha、自己保全管理2.8ha。ネギ関連の機械を導入する際、

単協独自の補助が300万円あったことが、ネギに取り組むきっかけになったという。

販売先も多様化しており、米の2割、ネギの2割は地域にある食堂との直接取引である。リンドウは全量花屋との取引、枝豆全量は卸との取引である。いずれも相手業者から取引を持ちかけられたものだという。法人化で社会的信用が高まり、取引先のチャネルが増えているといい、今後はJA以外との取引量を増やしていきたいとのことであった。

3）経営収支

2013年度の売上高は4,438万円で、売上原価が3,734万円、販売費及び一般管理費は2,071万円であり、営業利益は1,367万円の赤字である（**表6-4**）。営業外収益は2,241万円（作付助成759万円、雑収入1,327万円）で、経常利益は838万円になる。経常利益に特別利益（国庫補助金収入）を加えたものから特別損失（固定資産圧縮損）を計上しており、当期純利益は5.3万円で、翌年に繰越している。

役員2名、社員3名ですべての作業を分担しながら作業している。稲作の管理作業などの地権者再委託などはしていない。役員報酬は1人約450万円で、社員は給与と賞与を合わせて1人150万円ほどである。またネギの調整作業など労働力を必要とする部分にはアルバイトを雇っている。35名がアルバイトの

表6-4　MSファームの収支（2013年度）

単位：万円

売上高		4,438
	製品売上高	3,729
	（米）	2,871
	（ネギ）	661
	（りんどう）	121
	（枝豆）	76
	作業受託収入	692
売上原価		3,734
	労務費（アルバイト）	607
	小作料	440
販売費・一般管理費		2,071
	役員報酬（2名）	911
	給与手当（3名）	408
	賞与（3名）	55
営業利益		▲1367
営業外収益		2,241
経常利益		838
特別利益		226
	国庫補助金収入	220
特別損失		1,047
	固定資産圧縮損	1,047
税引前当期純利益		17
法人税等		12
当期純利益		5

資料：株式会社MSファーム総会資料による。

第6章　政策対応型集落営農組織の新たな動きと農地集積（法人組織）

登録をしており、年間8,000時間アルバイトを雇用し、600万円を支払っている。高齢者の小遣い稼ぎになっているという。

4）課題

　地域の農地を守っていきたいが、基盤整備されていない農地が多く、規模拡大すればそれだけ時間と労力がとられ、効率も悪い。そのため、会社にとってマイナスになるなら割り切らなければならない部分もでてくるという。「米の直接支払交付金があったから条件の悪い農地も受けてきたが、それがなくなれば、条件不利な農地は受けない。今後は圃場整備されている条件のよい農地を引き受けていきたい」とのことである。

（4）農事組合法人NK（解散に近い形での法人化）

1）概要

　NK営農組合は集落農家47戸のうち34戸が参加する形で2006年12月に設立された。5年以内の法人化が要件であったため法人化の話し合いを行ったが、構成員のほとんどは法人化に消極的であったという。法人化を猶予したとしても結果は同じになると感じたため、法人化に賛成だった最大規模のA農家と、A農家に作業を委託していたB農家に、集落営農外からC農家を加えた3戸で2012年5月に法人化した。法人化に際しては規模拡大加算を受けた。法人構成員はA農家の経営主（63歳）と妻（60歳）、後継者（35歳）、B農家（50歳）、C農家（63歳）の5名である。A農家の後継者は建設業、C農家は大工、B農家はストーブ修理自営であり、農業専従者はA農家経営主とその妻である。

2）法人化による経営内容の変化

　集落営農の時は57haの経営（集積）面積であったが、法人化に際して構成員が離脱したため、法人化した段階ではA農家の経営面積10ha、B農家45a、C農家120aを加えた12haからスタートした（現在の経営面積は12.9ha）。
　2013年度の作付面積は、主食用米6.8ha、飼料用米1.7ha、施設きゅうり14a、

ねぎ30a、山うど90a、施設小松菜14aである。農産物はすべてJAに出荷している。また作業受託を田植え1.8ha、稲の刈取・乾燥調整2ha行っている。

法人化する前は、各構成員が個別の機械でそれぞれ作業（コンバインを所有していない構成員の収穫はオペレーターが作業）していたが、NK法人では水稲作業はA農家とその後継者が機械作業を担当し、補助作業は構成員が全員参加する。野菜作のうち、ネギの収穫は勤め人である後継者を除いて全員参加し、他の野菜作はA農家のみで作業する。作業はすべて時給（800円）によって支払われ、作業日報をつけて時間管理している。

3）経営収支

2013年度は農産物の販売は945万円（主食用米が453万円、キュウリ230万円、ウド8万円、ネギ43万円、小松菜61万円）で、作業受託収入が69万円で、売上げ総利益は1,014万円であった（表6-5）。販売費及び一般管理費は1,370万円で営業利益はマイナス355万円。営業外利益428万円があるため、経常利益は73万円。税引

表6-5　農事組合法人NKの収支（2013年度）

単位：万円

売上高		1,014
	製品売上高	945
	（主食用米）	454
	（キュウリ）	230
	（ウド、ネギ、コマツナ）	164
	作業受託収入	69
販売費・一般管理費		1,369
	給与手当	545
	小作料	149
営業利益		▲355
営業外収益		428
経常利益		73
税引前当期純利益		73
法人税等		17
当期純利益		56

資料：農事組合法人NK総会資料による。

き後の当期純利益は56万円で、これはすべて次年度に繰り越している。経営基盤準備金を積み立てていないのは、純利益が少ないのと、必要な時に取り崩すのが面倒なため、当面は積み立てなくてよいと判断したためである。法人が支払っている年間の給与総額は545万円であり、主たる従事者であるAさんが200万円、その妻も200万円受け取っているが、役員手当や配当は一切ない。

第6章 政策対応型集落営農組織の新たな動きと農地集積（法人組織）

4）課題

　園芸作をやっており、時間をとられるため、今の労働力では水稲は20haまでしか拡大できないという。雇用労働力を確保できれば拡大できるが、一般的には農作業をやれなくなった人が農地を貸し付けにまわすので、そうした人には管理作業を頼めない。地域に人がいないため、臨時雇用による対応も難しく、園芸も拡大できないとのことであった。

（5）農事組合法人KY営農組合（半分の農家が参加）

1）概要

　KY営農組合は2006年12月に集落農家37戸のうち33戸が参加して設立された。個々の経営の積み上げよりは、経営を1本化し、1つの経営体として一丸となって農地を守り、かつ所得を上げていくことで後継者を確保することが目指され、法人化に向けた話し合いを1年ほど続けた。経営所得安定対策の法人化要件をクリアする意味もあった。そこで2011年2月に法人化した。法人化する際に、当時の構成農家28戸全戸に対して法人に参加するかどうかアンケートをとり、当時参加を希望した15戸の農家（経営面積は19.7ha）で法人化した。法人設立後、少しずつ参加農家が増え、2015年8月現在の構成員は17戸で、法人の経営面積は22.7haである。2015年2月には農地中間管理事業で111aをかりており、16年1月にはさらに128aを借受予定であって、経営規模は徐々に拡大している。

2）法人化による経営内容の変化

　法人化する前は主食用米と大豆のみを対象としていたが、2011年の法人化直後は主食用米と大豆に加えて加工用トマトと備蓄用米に取り組んだ。12年からは輸出用米と枝豆、WCSを作っている。2013年度の作付は主食用米（あきたこまち）13ha、備蓄用米（めんこいな）60a、輸出用米（あきたこまち）30a、WCS1.6ha、大豆3.1ha、枝豆60a、加工用トマト10a（露地）である。2014年からは枝豆を70aほど拡大する予定である。収益もでており、雇用に

もつなげていけると考えている。

　法人化する前は、耕起・代掻き、田植え作業はオペレーターが行い、それ以外の作業は構成員が持ち寄った農地をそれぞれが作業、管理していた。機械を所有していない構成員の作業は構成員間の作業受委託で対応していた。法人化しても作業体制は同じで、3名のオペレーターが耕起・代かき、田植えを行い、構成員は水稲の管理作業を行う。稲収穫作業はコンバインを所有している2名の構成員（オペレーターと重複）が行っている。

３）経営収支

　2013年度では、売上高2,470万円で、農産物の販売が2,074万円（うち米1,900万円）作業受託は394万円である（**表6-6**）[8]。売上高から売上原価と一般管理費を差し引いた営業利益は178万円の赤字であるが、助成金収入などの営業外収益が756万円あり、経常利益は567万円の黒字である。この中から農業経営基盤強化準備金として297万円を積み立て、税金を支払った残りの当期剰余金は200万円になる。これは利益準備金（法定）20万円と任意積立金180万円として、機械・施設の更新や取得を目的とした積み立てに回されている。

　法人は小作料として10a 1万5,000円、構成員が水稲の管理作業（草刈り・

表6-6　KY営農組合の収支（2013年度）

単位：万円

項目	内訳	金額
売上高		2,469
	製品売上高	2,075
	（主食用米）	1,901
	（大豆）	43
	（青果物）	91
	作業受託収入	394
売上原価		2,500
	労務費（オペ＋補助労賃）	263
	作業委託費（構成員再委託）	960
	小作料	301
販売費・一般管理費		147
	役員報酬・会計手当	32
営業利益		▲178
営業外収益		756
	米の直接支払い交付金	202
経常利益		567
特別損失		297
	農業経営基盤強化準備金繰入	297
税引前当期純利益		270
法人税等		70
当期純利益		200
当期未処分利益		200
利益準備金（法定）		20
任意積立金		180

資料：農事組合法人KY営農組合総会資料による。

第６章　政策対応型集落営農組織の新たな動きと農地集積（法人組織）

肥培管理）を行った場合は10a8,000円、稲の収穫作業を各自所有するコンバインで行った場合は5,000円を支払っている。また、オペレーターは日給１万円、補助作業は日給9,000円で、野菜作などに出役すれば時給900円が支払われる。

４）課題

　労働力の確保が難しいことが作物を増やすことのネックだという。また後継者がいなければ法人の存続条件が欠けてしまうが、後継者世代の参加を図るには年間を通じて所得を確保できなければ難しい。そのために収益事業をどうしていくかが課題だという。労賃を上げる一方で、小作料や地権者に委託している管理料支払いを下げることも検討しなければならないという。

　さらに、2013年度の米の直接支払い交付金は202万円であったが、米の直接支払い交付金の単価が半減することをうけて、14年度は100万円ほど減ることになる。さしあたり、構成員への支払い単価を減額しない（維持する）とのことで、機械更新の積み立てを減らす方針であった。一方、2014年産米のJA概算金が8,500円に下がったことをうけ、法人構成員外からの借地の小作料を１万円（2014年）から8,500円（2015年）に引き下げた。ただし、構成員からの小作料は１万5,000円のままとした。

3．政策対応型集落営農組織の新たな動きと課題

　政策対応として設立された集落営農組織は枝番管理と呼ばれる「形式的な作業共同化」が少なくなかったが、そうした組織が法人化することによって、個々の経営の単なる積み上げを解消して、共同化の内実を伴う組織に移行しつつあった。さらに、法人化したことによって新たに園芸作の導入・定着を図り、その販売ルートも多様化するなど、複合的展開につながっていた。また、経営規模の拡大も進んでいる。今後は集落営農組織の法人化支援が求められよう。ただし、法人化の推進に関しては、法人化の期限を５年以内とし

たことで（実際には法人化猶予も措置されたわけだが）、法人への参加が一部の構成員にとどまる組織も少なくなかった。内部からの法人化の必要性に関する十分な議論なしに法人化を急がせたことになり、かえって地域農業の担い手育成に支障をきたす面もあると考える。組織の内情に即した法人化やそれへの支援が必要である。

　他方で、法人化した組織では、主たる従事者の確保はみられるものの、その所得水準は他産業並みには届かないところが多かった。そうした中で、政策転換による経営への影響も無視できなくなっている。米の直接支払い交付金の減額、さらには廃止となる影響である（2014年産から7,500円に半減し、18年産で廃止）。地代支払いや今後の機械更新に支障をきたす恐れもあるが、主たる従事者への配当が減らされるようなことになれば、今後の経営展開や農地集積にとって桎梏となると考える。

注
1 ）日本農業新聞2014年 7 月 6 日付。
2 ）高橋明広「集落営農と地域農業座長解題」農業問題研究学会編『農業問題研究』第45巻第 2 号、筑波書房、2014年、p.3。
3 ）椿真一「水田・畑作経営所得安定対策が東北水田単作地帯に与えた影響」『農村経済研究』第29巻第 2 号、東北農業経済学会、2011年、p.1。
4 ）梅本雅「農業における法人化の意義と機能」『農業と経済』2014年 6 月号、昭和堂、2014年、p.7。
5 ）他産業の一般労働者の年間給与総額は、厚生労働省大臣官房統計情報部編『毎月勤労統計要覧　平成24年版』労務行政、2013年の、事業所規模 5 人以上の全産業平均のパート労働者を除く一般労働者の月額給与総額を12ヶ月で乗じたものである。
6 ）中村勝則「東北における集落営農の現段階と地域農業―秋田県平坦水田地帯の動向から―」農業問題研究学会編『農業問題研究』第45巻第 2 号、筑波書房、2014年、p.23。
7 ）作付助成は710万円が飼料用米への助成で米の直接支払い交付金が198万円、水田活用の直接支払い交付金113万円などである。雑収入は消費税還付86万円、とも補償60万円、共済無事戻し22万円、JA大口利用22万円などである。
8 ）作業受託は耕起・代かき・田植え・刈り取りまでの一貫作業受託も1.2haある。大豆の播種・中耕・除草・刈り取りを25haほど受託。

第7章

新たな経営安定対策下での農協による担い手支援の課題

1．はじめに

　米政策改革大綱にもとづき2004年から措置された「担い手経営安定対策」に始まる、一定規模以上の認定農業者や集落営農組織を対象とする担い手対策は、2007年の品目横断的経営安定対策にも引き継がれた。2009年夏の衆議院総選挙で自民党が敗北し民主党政権になった下では戸別所得補償制度が開始され、規模要件や経営体要件が課されなくなったが、2012年に自民党が政権復帰するや、2015年の経営所得安定対策の見直しにおいて、規模要件は設けなかったものの、経営体要件（認定農業者、集落営農組織、認定新規就農者）は課しており、所得対策の対象を選別するという仕組みがあらためて打ち出された。担い手対策においては、選別の程度は弱まったものの、政策対象を限定するという政策に逆戻りしたことになる。

　国の農業政策が対象を絞ることは、他方でその所得対策から外れる経営体がでてくることになる。政策の対象から外れることになる兼業農家や副業的農家も農外所得の停滞・低迷に直面しており、農業所得なしには生活できない層の存在が地域的なかたよりをもちつつ、少なからず存在してきた。

　協同組合は、民主主義による事業運営や活動を通じて、経済的・社会的な側面で、組合員の生産と生活を向上させる役割を担っており、地域社会の持続可能な発展に努めることもその原則に含まれている。

　対象選別的政策に対して農協としては、農業政策の対象から外れる農家を組織化して、こうした経営体も何とか所得対策の対象となるべく対応をとる必要があり、これらを取り込んだ集落営農組織を育成することが求められた。

2006年10月に開催された第24回JA全国大会の大会決議でも「担い手づくり・支援を軸とした地域農業振興」を目指すこととした。これにより品目横断的経営安定対策の対象となるべく「集落営農フィーバー」[1]となって設立が相次いだ。全国の集落営農組織は2005年で1万63組織が2015年には1万4,853組織となった。この間、もっとも増えたのは東北であり、対策から外れることの危機感から、東北で農協による担い手づくりが積極的に取り組まれたことの現れである。

近年では、品目横断的経営安定対策をうけて設立された集落営農組織が法人化する事例も増えている。安藤（2016）は集落営農法人と集落営農組織を比較し、法人経営の方が補助金への依存度が低く、農業所得もプラスを維持しており、集落営農の法人化を推進する必要性を指摘している[2]。李（2014）はJAによる集落営農組織の法人化支援の実態と課題を明らかにしている[3]。しかし、支援の内容はJA出資による法人化支援の取り組みにとどまっている。JAによる法人化支援はJAによる出資支援にとどまらないと考える。また、法人化支援だけではなく、法人化した後の支援もあると考える。

そこで本章では、秋田県を事例に品目横断的経営安定対策を契機として数多く設立された集落営農組織に対するJAの支援の現状と課題を明らかにする。そこから析出された課題に対して、JAとしてどのような対応が求められるのかを考察し、新たな局面に対応したJAの担い手育成・経営支援の条件やその方法を明らかにする。

研究方法は第1に、JA秋田中央会の担い手支援の取り組みを2007年の経営所得安定対策以降、時系列を追って明らかにする。

第2に、JA秋田中央会の担い手支援方針を積極的に採用しているJA秋田しんせいを事例に、単協段階での担い手支援を確認する。

第3に、JAの支援を受けて組織化した集落営農組織が、その後法人化まで至った2つの法人への聞き取り調査から、JA秋田しんせいの具体的な担い手支援の実態と効果を明らかにし、今後のJAによる担い手支援の課題を考察する。

第7章　新たな経営安定対策下での農協による担い手支援の課題

２．JA秋田中央会による担い手支援

（１）集落営農を中心とした担い手づくり

　秋田県では大規模農家の規模拡大は困難という状況の中で、農業からの撤退が容易ではない比較的規模の大きい兼業農家が広範に滞留していたため、担い手が絞れないでいた。その結果、個別に品目横断的経営安定対策（以下、経営安定対策）への加入条件である経営面積４ha以上という敷居を越えられない農家が多かったが（2005年センサスでは４ha以上の販売農家は8.3％）、他方で集落営農組織も少なかった（2005年で335組織）。そのため、多くの農家が経営安定対策から外れるという事態が想定され、地域農業を維持していくことへの危機感があった。こうしたことから、秋田県、JAグループ、市町村が一体となって集落営農の組織化を推進することとなった。とりわけJAグループ秋田では、経営安定対策に対応するために、2006年度に「集落型経営体等育成運動」を展開し、集落営農組織を中心とした担い手づくりを展開してきた。

　まず、集落営農組織の運営・会計事務支援として、専門支援部署の設置と専任担当職員を各JAに配置させ、独自に開発した経理支援ソフト「一元」を有償提供（１つ5,000円弱）して会計事務支援や、経営安定対策の加入に係る事務を代行する体制を整えた。

　次に2006年と07年の２カ年間にわたって、全農秋田県本部の職員８名を地域振興局単位でその地域で最も規模の大きい単協に出向させ、単協と秋田県中央会とのパイプ役として連絡調整と進捗管理をおこなわせた。

　さらに2006年度は「担い手育成支援対策事業」として１億1,000万円を用意した。同事業は、①JAへの支援対策（５千万円）と②集落営農組織への支援対策（６千万円）とに大別される。①JAへの支援対策として、水田生産基盤流通対策支援事業に4,700万円、担い手育成に向けた地域の人材活用支援事業に300万円の事業費を設けた。前者は多様な担い手育成事業（事業

第Ⅱ部　集落営農組織の展開と水田農業政策の転換

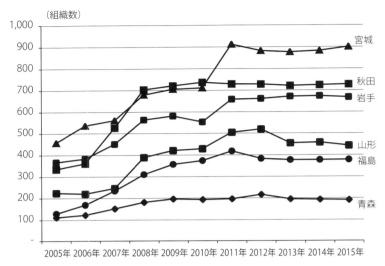

図7-1　東北における集落営農組織の推移
資料：農林水産省『集落営農実態調査報告書』各年度より作成

費4,000万円）と営農指導機能強化事業（同700万円）があり、集落営農の組織化を推進するためにJAの支援体制を整備するための助成である。後者は集落営農を組織化するための指導的人材の活用や養成に係る費用の負担助成である。②集落営農組織への支援対策は、集落型経営体等組織化促進支援事業に5,000万円、大規模経営体等支援事業に1,000万円を確保した。前者は集落営農組織を新たに立ち上げ、集落ビジョンの策定や経営安定対策に加入した場合につき、当該組織に運営費の一部として10万円を助成するものである。後者は、経営面積が200ha以上で経営安定対策に加入し、かつJA出荷する組織に対して200万円を助成するものである。

　こうして秋田県では集落営農組織が2005年に335組織だったものが07年には526組織となり、経営安定対策には483組織（91.8％）が加入することとなった。ただし、92.4％が任意組織であり、今後は5年以内に法人化できるかが課題であった。また、政策要件に対応することが優先されたため、実態は個々の農家が経理のみを一元化した枝番管理型の集落営農組織が多かった。

図7-1からもわかるように、秋田県では2008年以降、組織数に大きな変化はみられない。まさに、品目横断的経営安定対策に加入するための組織化であったといえよう。

(2) 集落営農組織の法人化支援

品目横断的経営安定対策の加入要件である5年以内に法人化を図る必要があったこと、個々の農家が経理のみを一元化した枝番管理型の組織から、作業共同化に取り組む組織への移行が求められたこと、および集落営農の経営体質を強化することが課題となったため、2007年度から3年間は「集落営農法人化等育成強化運動」を展開している。

法人化の育成目標の設定などの具体的な推進計画を策定し、法人化支援のためJA出資などを含めた事業方式や目標達成に向けた戦略づくりを行った。また、法人化対応に向けたより高度な相談機能が求められるとして、専門指導員の養成等担い手育成部署の設置と、JA職員集落担当制やJA職員OB活用による集落営農アドバイザー制の導入を図った。また本所、支所、営農センター間および管理・経済・信用等部署横断的連携体制を強化し、法人化支援の総合的相談活動や事業方式を整備した。

さらに2008年から2011年まで「集落型経営体の法人化促進に向けたモデル経営体等指導・支援事業」を行った。モデルとなるJA・経営体を設定し、当該JAとJA秋田中央会が連携を図りつつ、自立できる法人育成に向けた指導・支援を集中的に行うことが目的である。この事業を推進する過程で蓄積したノウハウを活用し、他の集落営農組織の法人化を加速させることも目的とした。具体的な取り組みは、①モデル経営体実態調査、②事業実施JA担当者会議の開催、③事業実施JA担当者・モデル経営体リーダー研修会の開催、④事例集のとりまとめ、である。モデル経営体の指導のために各JAに対し、事業推進費として単年度50万円を助成した。このモデル事業は2008年度に2JA 2組織、2009年度は3JA 3組織、2010年度は3JA 3組織、2011年度は2JA 2組織に対して実施され、現在までに8組織が法人化している。

第Ⅱ部　集落営農組織の展開と水田農業政策の転換

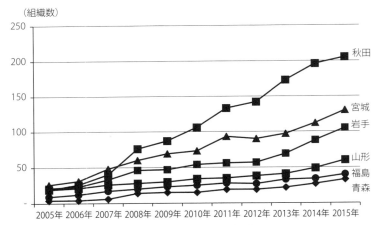

図7-2　東北における法人集落営農組織の推移
資料：農林水産省『集落営農実態調査報告書』各年度より作成

　秋田県では法人化する集落営農組織が増えており、集落営農の法人化率（2015年）は28.2％で、東北の中でもっとも高く、全国平均（24.4％）を超えるまでになった（図7-2）。

　ところで、2007年に設立された集落営農組織は2012年までに法人化する目標であったため、JA秋田中央会としては2012年を集落営農組織の法人化支援の1つの区切りとし、これ以降は法人組織への経営改善提案といった法人支援に支援内容をシフトしていった。

（3）農業経営支援の取り組み

　JA秋田中央会は、担い手の経営改善または安定経営にむけて、農業経営データや関連情報をもとに個々の実情に応じた支援を展開することを目指した「担い手の農業経営支援」の方針を2011年に定めた。担い手が安定経営を継続し、自立可能な農業経営体として確立できるよう支援するこの経営支援は、①農業経営指導支援、②集落営農組織の法人化支援、③JAの支援体制の整備・人材の育成、の3つの柱で構成されている。

　①は経営データに基づいて経営改善支援や事業提案を行うものである。ま

第7章　新たな経営安定対策下での農協による担い手支援の課題

ずは取引記録や決算書、税務申告書から経営データの収集・蓄積を行うため、記帳・申告を支援する。次にデータに基づいて経営分析・診断を行い、経営目標や計画設定の支援を行う。担い手が農業経営を実践するなかで経営目標や計画達成に向けた支援・提案を行い、最後に目標・計画のチェックと見直しを行ったうえで、新たな経営目標や計画を設定するべくフィードバックするものである。

　記帳・申告支援に取り組んでいるJAは2013年度で、臨税（臨時税理士）による支援が4JA（支援者597人）、税理士協会協議派遣による支援が10JA（876人）である。JA取引データを活用した記帳代行の取組JAは3JAにとどまっている。

　担い手経営体の経営改善支援・事業提案は記帳・申告支援により得られる経営データ・情報の蓄積・データベース化が前提であり、取組強化が求められている。さらに、米・畑作物の収入影響緩和対策（ナラシ）が収入保険制度となることが検討されているが、その対象者が青色申告者に限定するという動きもあり、今後の制度の導入を視野に入れ、青色申告者の拡大を目指している。

　②は、法人化計画を有する集落営農組織をリスト化したうえで、優先・重点支援組織を定めて法人設立支援にあたるものである。稲作を主体とする集落営農法人では、当期利益の確保を通じた経営の安定化が課題となっており、法人経営の診断・分析・経営改善支援の手法を確立することが目指されている。法人ニーズの把握や法人への事業提案にとって法人連絡組織化は効果的であるため、JAでは法人の組織化をすすめている。2013年度では組織経営体を対象とした連絡組織を設置しているJAは8JAで、法人を対象とした組織化を図っているJAは4JAとなっている。

　③は、これまでの農家支援は縦割り機構で対応してきたが、農業経営の合理化・効率化、さらには政策転換や多様な担い手への対応を図るためには、各事業に横串を指した総合的な経営指導・支援が求められるようになってきた。そこで「農業経営アドバイザー」を核として営農指導員、担い手金融担

143

第Ⅱ部　集落営農組織の展開と水田農業政策の転換

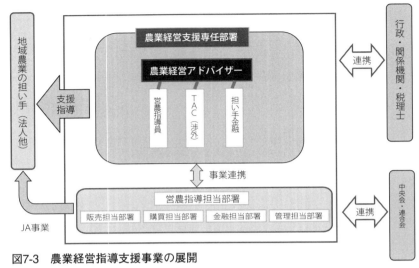

図7-3　農業経営指導支援事業の展開
資料：JA秋田中央会の資料をもとに筆者作成

当者、TAC等を配置した専任担当部署を設置して総合的な経営指導・支援を行う体制整備が必要となっている（**図7-3**）。担い手の経営形態の多様化や高度・専門化するニーズへの対応方策として、経営指導を専門に担当する農業経営指導のスペシャリスト「農業経営アドバイザー」を配置して体制を整備することとした。アドバイザーは農業経営に関する広範かつ専門的な知見が必要であり、農業経営指導支援を推進するためには、その業務を専門的に担う職員の養成が急務であり、養成研修会の開催や、JA職員資格認証制度で農業経営アドバイザー級を設定している。アドバイザー級になるためには、組合業務に10年以上従事し、年間5回開催される研修会で全10科目を受講した、上級・中級・営農指導員級のいずれかの資格をもち、監査士の資格をもつものに受験資格が与えられる。試験科目は農業経営から2教科、農業関係税務から3教科、農業経営分析・診断から2教科、関係法規から2教科、合わせて4科目8教科の試験をクリアしなければならない。2014年度で資格をもっている人は、県内全JAの中では46名である（**表7-1**）。

表7-1　JA農業経営アドバイザー級の研修受講・資格取得者数

単位：人

JA名	2011年度 研修修了	2011年度 資格取得	2012年度 研修修了	2012年度 資格取得	2013年度 研修修了	2013年度 資格取得	2014年度 研修修了	2014年度 資格取得	2014年度までの累計 研修修了	2014年度までの累計 資格取得
かづの	1	1							1	1
あきた北			3	1	3	3	1	1	7	5
鷹巣町	1	1							1	1
あきた北央							1	1	1	1
あきた白神	1	1	2		1	3			5	4
秋田やまもと	3	3	1		1				5	3
あきた湖東							1	1	1	1
秋田みなみ					1	1	1		2	1
新あきた	2	2	2			1	1	2	5	5
大潟村							1	1	1	1
秋田しんせい	4	4	2	1	3		6	3	15	8
秋田おばこ	2	1	1	1					4	2
秋田ふるさと	3	3	2	1	1		1	2	7	6
こまち	3	3	2	1	1	1	1	1	7	6
うご					1	1			1	1
計	20	19	15	5	13	10	15	12	63	46

資料：JA秋田中央会資料をもとに筆者作成。

（4）小括

　JA秋田中央会の担い手支援は、集落営農の立ち上げから法人経営に展開するまで、段階に応じてJAの支援には3つのステップがある。ステップ1は、集落営農を立ち上げ、安定させるまでの組織化支援である。ステップ2は、集落営農の法人化に向けての支援（法人化支援）であり、ステップ3は、法人化後の経営を安定させるための支援である法人支援である。現在、課題として取り組まれているのが、ステップ2の法人化支援とステップ3の法人支援である。JA秋田中央会の担い手支援は、集落営農組織の設立に向けた支援から、法人化支援さらには法人支援へとシフトし、担い手に出向く形での支援体制を整備していることが大きな特徴である。

　次節では、JA秋田中央会の担い手支援の方針に迅速に反応しているJA秋田しんせいの担い手育成・支援の取り組みをみていくことにする。JA秋田しんせい管内は、秋田県の中でも集落営農組織が多く展開している地域の1つであり、県内集落営農組織の18.6％を占め、集落営農組織の育成に力を入れてきた。また、担い手に出向く形での支援体制の整備にむけて、JA農業

経営アドバイザー級の研修に積極的に職員を派遣している。2011年度から2014年度までにJA農業経営アドバイザー級の研修を終了したJA職員は秋田県全体で63名いるが、JA秋田しんせいはそのうちもっとも多い15名を研修に参加させている。

3．JA秋田しんせいの担い手支援

　JA秋田しんせいは1997年に1市10町の11JAが合併して誕生した。現在、由利本荘市と、にかほ市を管内としている。管内の総農家数は6,594戸、経営耕地面積は1万3,958haで、ともに県内の1割を占めている。

（1）担い手支援の取り組み経緯

　2005年3月に営農振興課に担い手育成の業務が加わり、JA秋田しんせいの「担い手育成方針」を検討することとなった。この当時は、秋田県（地域振興局）は認定農業者を育成、増やす方針であったが、JAとしては小規模農家も含めた担い手を育成しなければならないと考え、集落営農組織により担い手育成を図ることを目指した担い手育成方針を策定した。この方針に従ってJA管内の全450集落を対象とした「集落検討会」を開始し、集落内の話し合いにより方向を決定することとし、集落営農組織を100組織、品目横断的経営安定対策のカバー率50％以上を目標に設定した。

　2006年には営農振興課を担い手支援対策課に課名変更した。管内全450集落を5段階にランク分けして進捗管理を行った。進捗管理はどの担当者が集落に赴いても話し合いが進むようにとの狙いがあった。これにより8月までに集落営農組織が30組織設立され、12月末で設立数が100組織を超過した。2007年3月では126組織の集落営農組織が設立され、全組織が品目横断的経営安定対策に加入した。認定農業者も含めると管内対象農地の69％が経営安定対策の対象となった。

　2007年9月には、品目横断的経営安定対策の加入申請や交付申請、集落営

第7章　新たな経営安定対策下での農協による担い手支援の課題

農組織の経理指導や経理受託、法人化支援を主な業務とする「担い手支援センター」を担い手支援課内に設置した。この支援センターの設置に際しては由利本荘市と、にかほ市から数百万円の支援があった。

2009年4月にはJA秋田しんせい法人化支援事業を設定した。同事業は、法人設立に係る話し合いや研修会などの事務的支援や費用支援（1組織20万円）を行うものである。

（2）2015年度の担い手支援方針

JA秋田しんせいでは、急変する農業政策への的確な対応と大規模経営の育成などによる低コスト化および高収益性作物等の生産拡大を図ることで所得向上を目指すとともに、JAの総合力を発揮して地域の実情にあった多様な担い手を育成・支援するとしている。そのために、地域農業の維持発展に向けた取り組みの強化を図っている。

JA秋田しんせいでは対象となる担い手を1）個人担い手、2）集落営農組織、3）法人組織、4）新規就農者に区分し、5）金融支援も含めてそれぞれに対応した支援を行うとしている。以下、それぞれの支援内容をみていく。

1）個人担い手への支援

個人担い手への支援は、①記帳代行業務の支援、②青色申告への誘導、③農畜産物の生産基盤拡大、④経営診断、⑤認定農業者の育成の5つがある。

①記帳代行業務の支援は、青色申告者の記帳代行業務への取り組みとともに、2014年1月から白色申告記帳義務化にともない、白色申告の記帳代行業務にも取り組むものである。②青色申告への誘導は、白色申告者の記帳義務化にともなう青色申告への誘導を行うとしている。③農畜産物の生産基盤拡大は、個々の営農実態を把握し、営農生活部・営農センターと担い手戦略室との連携により農畜産物の生産基盤拡大の提案と技術指導を実施するものである。④経営診断は、青色申告者を対象とした経営診断の実施と経営改善の

相談を実施するとしている。⑤認定農業者の育成では、新規認定農業者の育成とともに、既存認定農業者への青色申告推進と農業経営基盤準備金等の制度活用による営農基盤の維持・発展への支援を行う。

2）集落営農組織への支援

　集落営農組織への支援は、①組織検討会の支援、②法人化に向けた検討会の開催、③法人化支援、④農畜産物の生産基盤拡大、⑤経理支援、⑥構成員の記帳代行業務の6つである。

　①組織検討会の支援は、集落営農組織を対象とした農地維持・集積に関する検討会を開催や、人・農地プランへの位置づけ、農地中間管理機構による農地集積など新たな政策への対応を支援するものである。担い手と多様な農業者の明確化による農地維持のための再編計画の作成支援を行うとした。②法人化に向けた検討会の開催は、行政と連携して法人化検討会を開催するものである。③法人化支援は、法人化を決定した集落営農組織に対して設立に向けた準備等の支援や、法人登記申請支援である。④農畜産物の生産基盤拡大は、個々の営農実態を把握し、営農生活部・営農センターと担い手戦略室との連携により農畜産物の生産基盤拡大の提案と技術指導を実施するものである。⑤経理支援は、経理研修会を開催するとともに、経理受託業務も行う。⑥構成員の記帳代行業務は、集落営農組織の構成員の白色、青色申告記帳代行業務の実施である。

3）法人組織への支援

　法人組織への支援は、①相談機能の強化、②記帳代行業務、③経営指導、④JAによる出資、⑤複合作物導入、⑥農地集積、⑦資金活用と、支援内容が充実している。

　①相談機能の強化は、あぐりパートナー（TAC）による恒常的訪問活動による相談機能の強化、ニーズに応じた情報提供と提案活動の実施、法人組織の営農ビジョン策定支援を行う。最低でも1組織あたり月1回以上は訪問

することを目指している。②記帳代行業務は、記帳代行業務および記帳代行業務データを活用にすることによる経営診断と対応策の提案を行う。2015年度は1組織が利用している。③経営指導は、安定した経営のための生産基盤拡大、低コスト化、設備投資、雇用等の経営分析および経営計画作成支援を行うとともに、研修会や金融セミナー等の開催による情報提供を行う。④JAによる出資は、運転資金拡充と、経営の維持・発展のためにJAの組合員加入と出資による支援を行う（要望により出資金額の25％、100万円以内のJA出資）。法人に出資することで法人の総会にJAが参加できるため、その場で情報収集できるメリットがあるという。出資はJA側からすべての法人に要請し、承諾した組織のみがJAからの出資をうけている。2015年8月時点で14法人がJAからの出資を受けている。⑤複合作物導入は、所得の向上を目指した複合作物の導入と営農指導員による栽培技術指導を行うものである。⑥農地集積は、地域の担い手として農地中間管理事業の活用による農地集積の支援や、担い手経営体の連携・調整による農業経営の効率化と農作業受託の実施を支援する。⑦資金活用は、農業メインバンク相談機能強化による経営・管理指導の充実と、部署横断体制による補助事業の活用支援を行うとしている。

4）新規就農者への支援

　新規就農者への支援は、①新規就農支援事業の継続、②複合作物への新規参入支援の2つである。①新規就農支援事業の継続は、秋田県の就農促進総合対策事業に参加する人に、研修先までの交通費として月額1万円を交付するものである。②複合作物への新規参入支援は、新規作付希望者の各青果部会講習会への参加支援や、認定就農者に対して資金や営農指導の支援を行う。また新たな研修制度（園芸就農者支援制度）の活用による担い手の育成を行うとしている。

5）金融支援

　金融支援は訪問活動による農業者のニーズ把握と農業メインバンク体制による支援の強化、ニーズに応じた最適な資金の提案による経営の支援を行うことである。

　JA秋田しんせいの担い手支援の取り組み内容をみると、集落営農の組織化の支援はなくなっていることが特徴である。

（3）担い手支援専門部署の設置による支援体制の強化

　JA秋田しんせいでは、担い手支援に機能や資源を統合した専門部署を設置し、担い手支援の強化と担い手の所得向上を図るために2015年3月に担い手支援戦略室を立ち上げた。

1）体制

　担い手戦略室はすばやくニーズに対応するため組合長直轄の部署となっている。戦略室を立ち上げた背景には、担い手ニーズの多様化およびJA離れがある。担い手戦略室の設立以前は、営農経済部担い手支援課の中に担い手支援センターがあった。管内には認定農業者が約500経営体と、集落営農組織があり、これを9名の担当者で分担して訪問していたが、ニーズに応えることができなかったという。とりわけ金融部門におけるJA離れが顕著であり、担い手戦略室はこれを補うべく金融関係のアドバイザースタッフをそろえている。

　担い手戦略室は9名で構成され、経営規模や販売額で訪問先を絞り込み、出向いている（**表7-2**）。このうち担い手に出向くアグリパートナー（TAC）は6名で、専門はそれぞれ園芸、法人、稲作、金融、畜産、特産品と異なっている。9名のスタッフのうち担い手支援センターからそのまま戦略室に異動になったのは2名（アグリパートナー1名と経理事務1名）のみで、各エリアの営農センターや専門部署に配置されていたアグリパートナーを担い手戦略室に集約した形となっている。

第 7 章　新たな経営安定対策下での農協による担い手支援の課題

表 7-2　担い手戦略室の体制（2015 年 8 月）

氏名	役職	前部署	JA農業経営アドバイザー級	担い手支援	経営支援	渉外業務	営農指導	企画・他
A	室長	東部エリア統括部長						
B	課長	園芸販売課長	○	企画立案		あぐりパートナー（園芸）	農林産物物拡大	農政・営農企画
C	担い手支援センター長		○	集落営農・法人・経理指導	税務指導	あぐりパートナー（法人）	記帳代行	
D	中央エリアアグリパートナー			集落営農・法人・経理指導	税務指導	あぐりパートナー（稲作）・市場調査	記帳代行・経営安定対策	補助事業
E	支店融資担当			金融支援・認定農業者・経理指導	税務指導・経営コンサル・債権対策	あぐりパートナー（金融）	記帳代行・経営安定対策	金融企画
F	畜産振興課長			認定農業者・経理指導	税務指導・経営コンサル・債権対策	あぐりパートナー（畜産）	記帳代行・経営安定対策	畜産関連事業
G	担い手支援センター事務			集落営農・法人・協議会事務局	税務指導	集落営農経理受託	記帳代行・経営安定対策	
H	経理電算課			経理支援		データ管理	記帳代行・経営安定対策	部署経理・庶務
I	西部エリアアグリパートナー		○	集落営農・法人・経理指導	税務指導・債権対策	あぐりパートナー（特産品）・市場調査	記帳代行・経営安定対策	補助事業

資料：JA秋田しんせい作成資料に聞き取り調査をもとに加筆。

2）担い手戦略室の事業内容・取り組み

　事業内容は、①ニーズに対応した事業提案、②経営コンサルの態勢強化、③税務対策支援態勢の整備、④金融支援の一層強化の４つである。

　①ニーズに対応した事業提案では、あぐりパートナーによる訪問活動で、新技術による生産や販売ルート、加工などの提案によるニーズ対応を行う。アグリパートナーは恒常的に出向く活動を通じて、担い手の要望に応じた情報の提供や課題の解決に努め、担い手との信頼関係を深めながら事業の向上と改善を目指している。アグリパートナーの取り組みは、月に１～２回担い手への訪問活動を行い、意見や要望を聞き取るとともに、情報提供も行う。そして担い手とのコミュニケーションを深め、ニーズを把握し関係部署と連携しながら迅速な対応でJA利用度の向上を図ることが目指されている。出向く先となる担い手は350経営体で、月に１～２回の訪問を行っている。訪

問先の基準は農畜産物販売額500万円以上の経営体、農業法人、集落営農組織、販売・購買事業の未利用者・低利用者である。②経営コンサルの態勢強化は、経営分析（再生）支援で、経営の健全化や所得向上についての支援を行うこととしている。③税務対策支援態勢の整備では、経理に係わる記帳代行やデータの収集により優遇（特例）税制の活用、節税による税務対策を強化する。④金融支援の一層強化については、セミナーの開催やファンドによる出資の活用、運転資金の提案、新規就農者の支援など担い手ニーズに即した金融支援を行うべく金融に従事する職員を配置している。

　恒常的に出向く活動を通じて、地域農業の担い手・組合員個々との信頼関係を深めながら農業メインバンク機能を強化し、経営実態に応じた金融支援活動を行うことを目指している。さらに、JAの総合機能を発揮し、事業提案や支援により所得の向上を目指し農業経営の改善を図るとしている。

（4）小括

　秋田県のJAの担い手支援は担い手の育成支援から、担い手の経営支援へと舵をきっており、JA秋田しんせいでも近年は出向く支援に向けた体制づくりや、そのための人材育成に重きをおいていた。担い手に出向いたうえで、経営指導や融資、新たな作物の導入に関する提案など、関係部署と連携しながら迅速な対応を図っていくことが目指されていた。

4．法人側からみたJAの担い手支援

　前節で確認したJAの取り組みに対して、担い手経営にとってはどのような効果があったのか、JA管内の2法人（農事組合法人A、農事組合法人B）の実態調査（2015年12月実施）から明らかにする。調査法人の経営内容は**表7-3**の通りである。

第7章　新たな経営安定対策下での農協による担い手支援の課題

表7-3　調査法人の経営内容

		A法人	B法人
地域概要	構成集落	1集落	1集落
	農家数	14戸	29戸
	農地面積	40ha	50ha
集落営農	設立年月	2007年1月	2005年8月
	構成農家数	13戸	27戸
	集積面積	20ha	38ha
	対象作物	米、大豆	米、大豆
法人	設立年月	2015年2月	2008年3月
	構成農家数	10戸	26戸
	経営面積	20ha	42ha
	対象作物	米、大豆	米、大豆、ミニトマト
	機械装備	なし	トラクター、田植機2台、コンバイン2台
	オペレーター	いない	2名
	作業形態　耕起・代かき	地主	地主
	田植え	地主	オペ
	管理	地主	地主
	収穫	地主	オペ

資料：聞き取り調査により作成。

（1）農事組合法人A

1）地域概要

　農事組合法人A（以下、A法人）があるS集落は、農地面積が85haで106戸の農家が存在している。S集落は上（かみ）、中（なか）、下（しも）の3地区にわかれており、A法人は下（しも）地区で活動している。

　下地区には40haの農地があり、総世帯数は35戸で農家は14戸である。下地区にはA法人以外に12haの認定農業者、6haの認定農業者（米作業受託主体）、ブルーベリー主体2haの農家、2haの認定農業者（養豚主体法人）がいる。

　S集落は中山間地域等直接支払い制度の対象地域となっており、上地区は急傾斜であるが中地区および下地区は緩傾斜であり、中地区と下地区で1つの集落協定を結んでいる。

1996年から2003年にかけて県営の担い手基盤整備事業（受益面積400ha）が実施され、下地区では30a～50a区画の農地に整備された。基盤整備の償還金は年間10a当たり8,000円である。

２）集落営農組織の設立

　下地区では2007年１月に品目横断的経営安定対策に加入するための要件クリアのためにA集落営農組合を13戸の農家で設立した。集落営農組織の設立に際しては、JA職員が話し合いに出向き支援を行った。また、規約のたたき台となるモデルの作成や、経理を一元化するソフト「一元」を使った経理の方法の指導も行っている。

　集落営農に参加した農家はすべて３ha以下であり、個別に経営安定対策の要件をクリアできた担い手は集落営農に参加していない。

　A集落営農組合の経営面積（集積面積）は20haであり、対象作物は米と大豆であった。水稲作業は個別に機械を所有していたため、個別に行っていた（一部の構成員は1972年の集落農場化事業で育苗と田植えの共同化に取り組んでいた）。大豆作業については、中山間地域等直接支払いの交付金を使って中下地区共同で大豆用コンバインを１台購入し、共同で利用していた。なお、下地区では12haの認定農業者が大豆の播種・中耕・収穫作業を一手に請け負った。収穫物は共同名義で販売していたが、その精算は個人の生産量ごとに行う枝番管理と呼ばれる組織化であった。

３）法人組織の設立

　個人所有の機械が古くなり、更新時期にさしかかってきたが、個別に更新することは困難であって、共同で機械を使用する体制に移行しなければ農業を継続できないとの判断から、2014年になってから法人化について10回以上の集落検討会を重ね、2015年２月にA集落営農組合を法人化し、A法人を設立した。集落営農がそのまま法人化する形となったため、法人の経営面積は集落営農の時と変わらない20haであったが、構成員数は13名だったものが

第7章　新たな経営安定対策下での農協による担い手支援の課題

3名が高齢化（80代で同居の後継者がいない）により法人に農地を貸付けて離農したため、A法人の構成員は10名でのスタートとなった。

　法人化についての集落検討会を行う際はJAが窓口となって、市や地域振興局にも検討会への参加を呼びかけたという。また、集落検討会への参加者1人あたり1,000円の日当ならびに会場使用料をJAが負担した。法人設立の際は、模範となる定款作成や法務局の登記申請でJAからの支援を受け、また法人の出資金の25％にあたる5万円をJAが出資している。

4）現在の経営内容

　A法人の経営面積は20haですべて借地である。小作料は10a当たり1万円である。小作料をもう少し低く設定したいと考えているが、基盤整備の償還金が8,000円であり、それよりも少し高く設定したとのことである。

　2015年度の作付面積は、水稲16ha（主食用米12ha、備蓄用米4ha）、大豆4haである（2014年度も水稲16ha、大豆4haと変化はないが、水稲の中身が主食用米12ha、加工用米4haであった）。JAのカントリーを利用しており、販売先もすべてJAである。法人では肥料や農薬はすべてJAから購入しており、農産物の販売もすべてJAを通して行っており、JA利用率が高い。

　法人設立直前である2014年の10〜11月時点ですでに肥料や農薬の注文を終えていたため、2015年2月に法人を立ち上げた時に肥料・農薬の統一ができなかった。したがって法人設立1年目である2015年度は、集落営農の時と同じように枝番管理による対応となったが、2016年度からは枝番管理方式を解消し、プール計算を行う予定である。

　現在、法人所有の機械はないため、法人にオペレーターはいないが、県の補助事業の申請を行っており、コンバインの導入を計画している。また、法人化の際は農地中間管理事業をつかって集積した（面積は法人化前後で変化はない）ため、地域集積協力金の申請を行っており、協力金が交付されたあかつきにはそれを使って機械を購入する計画である。法人で機械を導入したら、オペレーターを2名程度に固定し、機械作業はオペレーターに任せ、地

権者に管理作業をお願いすることにしている。

5）今後の展開方向

　米価が大幅に下落しておりジリ貧になっていると感じており、複合作物の導入を図っていく方針で、今後の展開としては、法人で小菊栽培に取り組む予定である。栽培面積は12aを予定しており、構成員に小菊農家がいるため、技術面での支援が可能であること、少ない投資で始められることが理由である。導入した場合の経費や経営収支の見込み、どういった資材が必要かなど、JAの園芸販売課に園芸の技術相談をしながら小菊栽培の準備を行っている。

（2）農事組合法人B

1）地域概要

　農事組合法人B（以下、B法人）はB集落をベースに展開している集落営農法人（認定農業者）である。集落の農地は50haで、総世帯数は60世帯、農家数は29戸である。26戸がB法人に参加しており、5ha規模の認定農業者（55歳）と2ha規模の自己完結型農家（62歳）、50aの作業委託農家（70代）が法人に参加していない。B法人は集落の農地を42ha集積している。B集落では水稲と転作大豆が主な作付作物となっており、B法人でも水稲と大豆が基幹作物である。

　1989年から94年にかけて県営の基盤整備（受益面積は400ha）が実施され、これにより10a区画から30a区画へと整備された。B集落の農地50haのうち、32haが中山間地域等直接支払制度の対象農地（緩傾斜）となっている。

2）集落営農組織の設立

　2005年8月にB集落営農組合が設立された。2005年の経営所得安定対策大綱により国の政策がこれまでの全農家を対象とする施策から担い手に対象を絞った施策へ転換する方針が出され、その対象になるべく組織化したものである。集落営農の設立に際しては中心的メンバー数人が市やJAの担当者を

交えて相談を重ね、組織化にいたったという。

　B集落営農組合の構成員は27戸で、経営（集積）面積は38haであった。1.4haの野菜専業農家（当時67歳）を除き、全員が兼業農家で、構成員の経営面積は5haが1戸、2～3haが5戸、1～2haが12戸、1ha未満が9戸であった。

　集落営農では個別に所有している機械で自分の農地を作業し、共同名義で販売していたが、その精算は個人の生産量ごとに行う枝番管理と呼ばれる組織化であった。したがって、B集落営農組合では法人化するまでの間、JAの経理受託制度を活用しており、経理一元化をJAに任せていた。

3）法人組織の設立

　集落営農組織では稲の栽培は各農家に任されており、肥料や農薬の統一もできず、登熟、品質にバラツキがあり、収穫作業の効率が悪かった。これを解決するために法人化することが目指された。2007年3月頃から1年間、計15回ほど法人化について話し合いを重ね、2008年3月に25名で法人化した。法人になったことで、肥料や農薬、稲の品種など統一できたという。

　法人設立に関するJAからの支援は、話し合い支援以外に支援はなかったという。この当時、JAは法人設立に関わっていく方針をまだ出してはおらず、法人化支援の取り組みはまだ進んでいなかった。JAが法人化支援の方針を出す前の早い段階で法人化したため、B法人は主に県や市の指導によって法人化した。定款作成や登記のサンプル作成は県が行ったという。

　法人化当時の構成員は25名で、集落営農の時から2名が減った。1名は60代後半で身体が弱く法人に農地を貸し付けて離農し、もう1人は生前贈与を受けていたことから加入を断念した。後に要件緩和があり、2013年から法人構成員となっており、2015年現在の法人構成員は26名となった。構成員の平均年齢は62.5歳で、40代が1名、50代が8名、60代が12名、70代が5名である。法人の理事は代表、副代表、会計の3名で、年齢はそれぞれ65歳、51歳、61歳である。副代表と会計の2名が法人の主たる従事者であり、農業専従者で

ある。

　法人化してすぐ田植機2台とコンバイン2台を購入した。その際、構成員が所有している個々の機械は処分することになった。機械の処分については、JAに買い取ってもらったとのことである。機械を処分した人には品目横断的経営安定対策の交付金を原資として、機械売却代金に上乗せすることとしたため、田植機とコンバインはすべて処分することができたという。機械を売却できたことで、共同作業につながっている。

4）現在の経営内容

　法人の経営面積は42haで、2015年度の作付面積は水稲（すべて主食用米）30ha、大豆12ha、育苗ハウスでミニトマト6aである。ミニトマトは法人化してから取り組んだ作物である。集落でトマト栽培の技術やノウハウをもっている農家がいなかったが、JAの技術指導があったから取り組むことができたという。トマト栽培は育苗ハウスの有効活用にもつながっている。

　法人になってすぐ、県やJAから融資を受けて機械を購入した。県の融資申請書類はJAが代理作成してくれたという。こうして導入した田植機2台とコンバイン2台の機械作業は2名の農業専従者が固定のオペレーターとして担当している。その他の構成員は、法人に預けた農地で、肥培管理、水管理、畦畔の草刈りなどを自ら行う。

　法人化により、構成員の機械を処分し、オペレーターによる機械作業ができたこと、B法人が構成員から借地することで、構成員の所有地にかかわらず、作付地の団地化が可能になっている。また肥料や農薬も統一することで収穫作業も構成員の農地のこだわらず作業できるようになったことで、効率的な作業を実現できている。

　B法人は、2014年度の米価下落と米の直接支払交付金半減をうけ、県からの無利子融資（3年償還）である「稲作経営安定緊急対策資金」を660万円受け資金を確保した。この融資でなんとか構成員への配当を確保したが、JA融資の返済を1年猶予してもらうことができていれば、県からの融資は

第7章　新たな経営安定対策下での農協による担い手支援の課題

表7-4　B法人の作業賃金、地代の内訳

		2014年（円）	2015年（円）	差額（円）
地代		12,400	9,000	▲ 3,400
水田管理費		14,000	8,500	▲ 5,500
	畔草刈り	9,000	6,000	▲ 3,000
	水管理	4,000	2,000	▲ 2,000
	除草剤散布	500	250	▲ 250
	追肥散布	500	250	▲ 250
播種		7,000	6,000	▲ 1,000
耕起（構成員再委託）		4,000	2,000	▲ 2,000
代かき（構成員再委託）		4,000	2,000	▲ 2,000
田植え	オペレーター	11,240	9,000	▲ 2,240
	補助員	7,240	6,000	▲ 1,240
	苗運搬	9,240	7,000	▲ 2,240
稲刈取	オペレーター	11,240	9,000	▲ 2,240
	補助員	9,240	7,000	▲ 2,240
箱洗浄		7,240	6,000	▲ 1,240
トマト作業（時給）		670	680	10
転作田管理費		22,000	12,500	▲ 9,500
	耕起	8,000	4,000	▲ 4,000
	畔草刈り	9,000	6,000	▲ 3,000
	除草作業	5,000	2,500	▲ 2,500

資料：B法人作成資料による。

受けなくてもよかったという。その一方で、2015年度には地代や労賃、管理料を大幅に下げる対応をとっている（地代27％減、オペ賃20％減、水田管理料39％減）。具体的には地代を10a当たり1万2,400円（2014年）から9,000円（2015年）に、オペレーター賃金も日給1万1,240円から9,000円に、地権者が行う耕起・代かき作業に対する委託料は10a当たり8,000円から4,000円に、水田管理料も10a当たり1万4,000円から8,500円へと切り下げた（**表7-4**）。

「米価が下がったことに対して地代、労賃を下げることでしか対応できない」。あと3年で小作料の契約期間が終了するため、「他法人で地代の高い組織があったら、法人から農地を引き上げ、脱退する構成員もでてくるかもしれない」と心配している。

5）今後の展開方向

　今後はハウス1棟をミニトマト専用ハウスとしてミニトマト栽培を拡大していくことで、米価が低い分の収入を補える仕組みをつくっていかないと経営がもたないと感じている。

（3）担い手支援内容と評価・期待

1）支援内容

　A法人、B法人ともに集落営農の組織化、法人化、法人経営と、経営展開の各段階でJA支援があった（表7-5）。

　集落営農の組織化に際しては、A法人、B法人ともに話し合いの開催についてJAからの支援をうけた。またA法人は規約モデルの提示や、経理指導支援をうける一方で、B法人は経理受託の支援をうけている。

表7-5　JAによる支援の整理と特徴

	A法人	B法人
集落営農の組織化支援	話し合いの開催 規約のモデル作成 経理指導（一元の使い方）	組織化の相談 経理受託（法人化するまで）
法人化支援	法人化の制度メリット等の説明 登記申請の指導 定款作成支援 集落検討会の補助（参加者、会場使用料）	法人化の話し合い 構成員の機械買取
法人支援	JA出資 リース事業の情報提供	新規作物の提案・技術指導 経営相談 県の融資申請書類代理作成 機械購入の際の融資
特徴	A法人は集落営農の組織化や法人化の時期がJA支援体制が整っている段階であったため、JA支援を十分にうけている。法人支援は法人化が2015年のため、あまりうけていない。	B法人はJA秋田しんせいの法人化支援事業が実施される前に法人化しており、法人化支援は少ない一方、法人になって一定の時間が経過しており、法人経営支援で多くの支援を受けている。

資料：聞き取り調査により作成。

第7章　新たな経営安定対策下での農協による担い手支援の課題

　集落営農組織を法人化する際には、B法人は法人化した年がJA秋田しんせいの法人化支援事業が実施される前であり、JAからの支援は法人化の話し合いに関する支援と、JAによる機械の買取りであった。一方のA法人は集落検討会の開催に係る費用の援助や、法人化の制度説明、登記申請補助など、JAによる法人化支援事業を十分にうけての法人化であった。

　法人化したあとの支援では、A法人は法人になって間もないため、JAによる法人への出資と、JAアグリパートナーの訪問で、リース事業のパンフレットなど情報提供を受けるにとどまっている。一方のB法人は、法人になって一定の時間が経過しており、これまで新規作物の提案や機械購入の融資、経営相談等の支援を受けている。

２）支援の評価と期待

　JAの支援に対する評価は、A法人では法人組織を設立する際にJAからは法人化のメリット、デメリット、意義などを説明してもらうことで理解を深めることができたという（**表7-6**）。また、法人化の際に登記が必要になるが、JAの指導があったことで司法書士に頼ることなく対応できたため、司法書士に登記申請を依頼した場合の依頼料（20～30万円ほど）がかからなかった。A法人には経理に精通している構成員がおり、法人で経理記帳を行っている。しかし、一般的には経理記帳は大変であり、JAによる代行は有効な制度であると評価している。他方で、JA出資については、これからもJAと関わっていくので了承した形だが、今のところメリットはないという。

　B法人では、集落営農組織が法人化するまでの間、JAの経理受託制度を活用しており、経理一元化をJAに任せていた。手数料はそれほど高くはないため、経理の手間が省けて助かったという。また、肥料、農薬などの生産資材はすべてJAから購入しているが、生産履歴で重要となる成分表示などがJAだと信頼できると評価している。

　今後、JAの支援に期待することとして、A法人は、アグリパートナーに対して各種情報提供を期待している。また、機械を購入する場合に、国や県

第Ⅱ部　集落営農組織の展開と水田農業政策の転換

表7-6　JA支援の評価と今後の取り組みへの期待

		JA支援の評価	JA支援に期待すること
A法人	✓	「JAの支援がなければ集落営農は立ち上がらなかった」	✓ リース事業など各種情報提供をアグリパートナーに期待
	✓	経理に精通している構成員がおり、自ら経理記帳を行っているが、一般的には経理記帳は大変であり、JAによる経理記帳代行は有効な制度である	✓ 機械を購入する場合に、国や県の補助事業を活用するが、残りの自己負担分については融資も含めて相談したい
	✓	あぐりパートナー（TAC）の訪問があることで、些細なことでも相談しやすい	✓ 米価が大幅に下落。複合作物の導入を図らなければならないが、それを自ら販売していくことは大変と感じており、園芸作の栽培技術指導だけでなく、販売事業も強化してほしい
	✓	JA出資は今のところメリットはない	
B法人	✓	JAの経理受託制度は、手数料も安く経理の手間が省けて助かった	✓ JAの融資返済途中に、収量変動や価格の大幅下落などによって単年度の返済が困難な場面、返済猶予などの措置がとれないか
	✓	JAに機械（田植機とコンバイン）を買い取ってもらったことで共同作業への移行につながった	✓ 機械の購入資金はJAから融資を受けているが、毎年の返済額が法人の経営実情に応じて変更できたらありがたい
	✓	集落でトマト栽培の技術やノウハウをもっている農家がいなかったため、JAの技術指導があったから取り組むことができた	✓ 税理士に任せているが、税理士では部門ごとの経費や収支がわからない。部門ごとに経営分析を行い経費削減を図っていきたいと考えており、JAによる経営相談・経理指導を希望

資料：聞き取り調査により作成。

の補助事業を活用するが、残りの自己負担分については、融資も含めて相談したいと考えている。将来的に小菊導入に関する栽培技術指導をふくめた支援や、融資に関する支援を受けたいと考えている。

　B法人は、経理を税理士に任せているが、税理士では部門ごとの経費や収支がわからないという。部門ごとに経営分析を行うことで、経費削減を図っていきたいと考えており、JAによる経営相談・経理指導を求めていた。また、2014年の米価下落に対して、返済計画を1年先送りし、この年だけでも返済を猶予してもらえたら、県からの無利子融資がなくても自己資金だけでも対応できたという。毎年の返済額が法人の経営実情に応じて変更できないか検討してほしいとのことであった。

第7章　新たな経営安定対策下での農協による担い手支援の課題

5．新たな農業政策下における担い手支援とJAの対応方策

（1）新たな農業政策下で予想される事態

　政府の方針により、2014年（平成26年産）から米の直接支払い交付金が半減され、2018年（30年産）から廃止になることが決定している。その結果、法人経営では経営基盤強化準備金をはじめ、機械更新の積立金が減る可能性がある。法人経営にとっては資金面でJAの支援が強く要請される場面が増えると予想される。加えて、2015年度から経営安定対策（畑作物の直接支払い交付金、米・畑作物の収入減少影響緩和対策）の見直しが行われ、経営安定対策の対象が認定農業者と集落営農組織に限定された。それにより経営安定対策の対象となるべく、集落営農の組織化が今後も続いていく可能性がある。また、行政による主食用米の生産数量目標の配分をなくすというコメ政策の転換もひかえており、米価下落の可能性とともに、土地利用型農業の経営改善や経営転換が必要な場面もでてくると考えられる。

（2）担い手支援の対応方策

　以上のようなことが予想される中、JAの担い手支援は次のような対応が求められる。
　第一に、集落営農の組織化を引き続き支援していく必要性である。秋田県のJAの担い手支援の取り組みをみると、JAの担い手支援は集落営農の育成支援から、法人化支援さらには法人経営体への経営支援にシフトしており、集落営農の組織化支援の取り組みは先細りしているようである。しかし、新たな経営安定対策の対象に集落営農組織が含まれていることを考慮すれば、集落営農の組織化は引き続き支援していく必要があると考える。
　第二にJA利用率の高い法人が農協から離れないためのサポートが重要である。JAの利用度が高い法人にとって、メリットがより多く享受できるような仕組みをつくっていかなければ、農協離れを招く恐れがある。農協離れを

起こさせないためには次の３つのサポートが有効であろう。①税理士に経理を委託している法人に対する経営分析・アドバイスである。現在のところ経営相談は税理士が対応できておらず、税理士に経理を委託している法人であっても、JAに経営相談や経営のアドバイスを求めており、JAの強みを活かした対応が求められる。②機械購入などでJAから融資を受けた法人に対する返済猶予措置である。JAから融資をうけ、返済途中である場合に、収量変動や価格の大幅下落などによって単年度の返済が困難な場面において、返済猶予などの措置を要望していた。とりわけ、JA利用率が高い担い手には融資の返済猶予などの特例措置があってもよいのではないだろうか。③新規作物導入への支援や販路開拓支援などの一層の拡充である。米価が低いため土地利用型部門のみでの経営展開が厳しさを増している。集落営農法人では園芸作の導入や拡充など米以外の作付拡大による経営対応が目指されており、JAとしては訪問事業を通して、新規作物導入への支援や販路開拓支援などの拡充がより一層求められている。

注
1）田代（2014a）、p.153。
2）安藤（2016）、p.77。
3）李（2014）、pp.84～93。

第8章

農地中間管理機構を活用した担い手への農地集積の現状と課題、方策

1．はじめに

　政府の成長戦略において、担い手への農地集積面積を現在の全農地面積の5割から今後10年間で8割にまで拡大することが目指されており、これを実現するために農地中間管理機構が整備されることとなった。2014年3月には農地中間管理機構の関連法が施行され、これをうけて47都道府県で農地中間管理機構が発足している。秋田県においては「公益社団法人秋田県農業公社」が2014年3月20日に農地中間管理機構の指定を受け、4月1日より業務を開始した。

　秋田県の耕地面積15万ha（2012年度）のうち、担い手[1]が利用する面積は9.9万haであるが、これを農地中間管理機構と連携して担い手に農地を集めるとした。それにより2023年度には担い手の農地集積面積を3.2万ha増やして13万haとすることで、担い手への農地集積率を66％から90％にまで高めるという。また、「貸付を行う担い手が利用する農用地の分散錯圃等の状況を把握し、団地化、連たん化を図るとともに遊休農地の解消に取り組む」ことで、農地利用の効率化を図ることも目標にしている。

　農地中間管理機構（以下、「機構」）の取り組みによって担い手への農地集積や農地の連坦化は進むのか。本章では、秋田県における農地中間管理機構（農地中間管理事業）の取り組みを確認し、機構を活用した担い手の農地集積の現状と課題を明らかにしたい。

第Ⅱ部 集落営農組織の展開と水田農業政策の転換

2．秋田県における農地中間管理事業の実施状況

(1) 秋田県農地中間管理機構の概要

　機構に指定された秋田県農業公社は総務企画部、農業振興部、農地管理部、畜産部の4部署で構成されており、農地管理部が機構の業務を行っている。農地管理部には担い手への農地集積及び連坦化を推進する農地集積課（職員12名）と、基盤整備等の農地の条件整備を行う農地改良課（職員3名）の2つがある。

　秋田県農業公社は農地保有合理化事業で農地の中間保有の実績があり、機構に関する業務のノウハウは持ち合わせていると考えていた。その一方で、機構業務を遂行するには人員が不足しているとして、機構の立ち上げと同時に職員の増員を行った。農地集積課では新規に2名を採用するとともに、3市からそれぞれ1名、農政実務経験のある職員を派遣してもらっている。また農地改良課を新たに設け、土地改良関係の実務経験のある県のOBを3名雇用した。

　機構は農地の貸し借りを進め、規模拡大と農地の集約化・連坦化を図って生産性を高めること、および耕作放棄地の解消を目指している。そのための業務として受け手希望者の公募、農地の借受け、農地管理（簡易な基盤整備を含む）、農地の貸付け、を行っているが、制度の目玉である農地の集約化・連坦化に関わる業務は市町村等に委託している（**図8-1**）。

　業務委託の内容は①相談窓口業務、②出し手・受け手の掘り起こし、③借受予定農用地等の位置・権利関係の確認、④出し手・受け手との条件交渉、⑤契約締結業務[2]、⑥対象農地のリスト化（農地・出し手・受け手の情報をリスト化）および利用状況報告のとりまとめ、である。

　秋田県にある25の市町村のうち、市町村が業務委託先となっているところが17ともっとも多い。市町村以外では地域農業再生協議会が5、農業農村支援機構が2、農業公社が1となっている[3]（**表8-1**）。

第8章　農地中間管理機構を活用した担い手への農地集積の現状と課題、方策

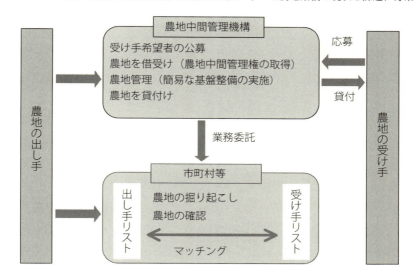

図8-1　農地中間管理機構の仕組み
資料：秋田県農地中間管理機構の作成資料をもとに筆者作成。

　農地利用集積円滑化団体の体制よりも、業務委託体制が弱いと懸念されるケースが11市町村（**表**8-1のD、E、F、K、L、P、Q、R、W、X、Y）でみられる。

　機構として業務委託先に人員を派遣するといったことはしていないため、農地利用集積円滑化団体ではない市町村はこの業務委託によって負担は増しているようである。

（2）農地の公募状況（借受希望申込）

　秋田県機構は受け手希望者の公募を年3回行うことにしている。公募区域は県内25市町村で343区域が設定されている（前掲**表8-1**）。公募区域の設定は業務委託先に任せており、その範囲は市町村全域のほか、合併前の旧市町村を単位とするものや、地区や大字、集落単位など様々である。公募区域が人・農地プランと同一範囲なのは11市町あり、プランよりも大きい範囲を区

167

第Ⅱ部　集落営農組織の展開と水田農業政策の転換

表8-1　秋田県における機構の業務委託先と公募区域

市町村	農地利用集積円滑化団体	業務委託先	集落数	人・農地プラン策定数	公募区域数	設定範囲
A	JA	農業農村支援機構	124	21	5	地区
B	JA	農業農村支援機構	16	6	8	地区
C	JA	農業再生協議会	189	16	16	地区
D	JA	市	146	18	18	旧市町や大字
E	JA	村	17	1	9	大字
F	農業再生協議会	市	133	14	14	旧市町や大字
G	町	町	7	1	7	大字
H	町農業公社	町農業公社	68	8	8	大字
I	町	町	30	6	22	大字や字
J	市	市	236	24	7	旧市町や大字
K	市、JA	市	79	10	9	大字や地区
L	市、JA	市	43	16	16	字
M	町	町	40	6	6	地区
N	町	町	8	1	3	地区
O	町	町	24	24	2	地区
P	村、JA	村	1	1	1	村全域
Q	JA	市	356	81	8	旧市町
R	JA	市	78	7	69	集落
S	JA	農業再生協議会	575	65	8	旧市町
T	JA	農業再生協議会	134	1	29	大字
U	JA	農業再生協議会	155	1	1	町全域
V	JA	農業再生協議会	282	8	8	旧市町
W	JA	市	150	14	14	地区や大字
X	JA	町	135	44	44	集落
Y	村、JA	村	13	4	11	大字や字
合計			3,039	398	343	

資料：秋田県農業公社の資料を参考に筆者が作成。なお農地利用集積円滑化団体については、農林水産省の農地利用集積円滑化団体一覧を参照した。
注：1）集落数は2014年3月末時点。
　　2）プラン策定数は2014年7月末時点。
　　3）区域設定は市町村全域が2、旧市町村が6、大字、字、地区が17。

域としているのは6市町、プランより小さい範囲を区域にしているのが8市町村である。基本的に集落よりも広い範囲を公募区域に設定しているのは、公募区域を狭く設定していると、複数集落にまたがって耕作している担い手の場合、それぞれの公募に手をあげなければ農地を集めることが難しいが、

第 8 章　農地中間管理機構を活用した担い手への農地集積の現状と課題、方策

表 8-2　農地の借り受け希望状況

市町村	第 1 回公募		第 2 回公募		借受申込計	
	経営体数	面積（ha）	経営体数	面積（ha）	経営体数	面積（ha）
A	29	353	15	114	44	467
B	11	52	6	107	17	159
C	62	326	16	98	78	425
D	190	1,073	9	195	199	1,268
E	5	35	2	79	7	114
F	65	478	18	106	83	584
G	6	9	3	63	9	72
H	19	128	23	180	42	308
I	5	102	28	154	33	256
J	22	189	13	102	35	291
K	34	189	13	134	47	323
L	7	60	20	115	27	175
M	24	82	12	87	36	169
N	7	42	3	71	10	113
O	4	25	4	77	8	102
P	84	675	37	410	121	1,085
Q	15	285	87	477	102	761
R	4	107	27	144	31	250
S	399	1,486	92	439	491	1,925
T	49	109	26	197	75	305
U	83	687	29	145	112	832
V	260	1,202	59	184	319	1,386
W	24	336	142	613	166	949
X	45	90	22	115	67	206
Y	0	0	9	193	9	193
合計	1,453	8,118	715	4,598	2,168	12,716

資料：秋田県農業公社作成資料を参考に筆者作成。
注：1）借受申込計は 2014 年 11 月 28 日時点。
　　2）借受申込計の面積合計は数値のラウンドにより変更している。

公募区域が広ければ手をあげるのが少なくてすむからである。

　公募は、2014年度は第 1 回が 7 月 1 日～31日にかけて、第 2 回が10月10日～11月10日に、第 3 回が12月19日～27年 1 月26日まで実施された。第 1 回では1,455経営体（法人207、新規参入 6 ）が8,111ha（法人分は3,451ha）の農地の借受を希望した（表8-2）。第 2 回ではさらに715経営体（法人100、新

169

規就農3）が4,598ha（法人分2,569ha）を借受希望しており、この2回の公募によって合計2,168経営体が1万2,716haの農地の借受を希望している（第3回については、原稿執筆時点では未公表）。

なお、異業種からの借受希望については、県内の建設業や運送会社、農薬販売会社などが応募しているとのことであるが、農業生産法人を立ち上げてのことであるため、機構としては具体的な数字はつかめていないとのことである。ただし、県外の企業からの借受申し込みはなかったという。

借受を希望している経営体のうち約2割は5ha以上の農地の借受を希望しており、9経営体（法人）は100ha以上の借受を希望している。借受希望者のほとんどが基盤整備済みの農地を希望しているという。

（3）農地の貸付希望者とマッチング

一方、秋田県機構の業務開始から機構への貸付希望は随時受け付けている。2014年7月末時点では貸付希望者は333名、貸付希望面積は363haであった。稲の収穫期も終わった11月末には貸付希望者は1,499名まで増え、貸付希望農地も1,502haに拡大した（**表8-3**）。

この貸付希望農地については、すべてを機構が借り受けるということにはなっていない。機構が借り受けるのはマッチングが決まった農地に限られている。貸付決定ルール[4]にもとづいて、業務委託先が貸付希望と借受希望をマッチングさせる。

マッチングが決定した農地についてのみ機構が1～2ヶ月間中間保有した後、担い手等に貸付けられる。保有期間が短いため、その間の農地の管理を機構が行ったという実績は今のところない。

機構の借受農地がマッチングしたものに限られる理由としては、国からの農地中間管理事業費補助との関係である。農地中間管理事業の事業費は国からの補助が7割で3割は県の負担であるが、機構の貸付率（機構が借りている農地のうち、転貸している面積割合）が高いほど国の補助が上乗せされるため、県の負担を小さくすることができる。農地が「塩漬け」になることを

第8章 農地中間管理機構を活用した担い手への農地集積の現状と課題、方策

表8-3 機構の農地借受けと貸付け状況

市町村	貸付希望者 農家数	貸付希望者 面積(ha)	機構が借り受け 農家数	機構が借り受け 面積(ha)	機構から貸付け 経営体数	機構から貸付け 面積(ha)	機構借受予定 農家数	機構借受予定 面積(ha)
A	10	11					3	3
B	6	6					5	6
C	68	56					40	35
D	41	30					42	40
E	0	0					0	0
F	55	67					35	37
G	0	0					0	0
H	26	42					14	18
I	19	16					0	0
J	148	160	84	101	2 (1)	101	31	28
K	0	0					1	1
L	5	8					2	3
M	12	11					10	7
N	1	1					3	1
O	0	0					0	0
P	2	4					2	2
Q	45	43					31	29
R	8	15					5	7
S	194	267	2	3	1(1)	3	146	168
T	61	60	8	7	4(0)	4	44	53
U	79	103	1	2	1(0)	2	72	88
V	437	442	211	235	83(14)	235	13	14
W	102	63	31	16	14(6)	16	113	67
X	76	80					54	61
Y	102	16					35	18
合計	1,499	1,502	337	364	105 (22)	361	701	685

資料：秋田県農業公社作成資料を参考に筆者作成。（ ）の数値は農業法人で内数。
注：1）貸付希望は2014年11月30日時点。
　　2）機構借受は11月28日時点。
　　3）機構貸付は12月19日時点。
　　4）機構借受予定は1月15日時点。

防止（滞留防止）する措置であるが、貸付率を高めるために、マッチングしていない農地は借り受けないことにつながっている。集約化・連坦化といった機能を差し引いたとしても、機構の実績そのものが業務委託先のマッチング実績に依存する仕組みになっている。

貸付希望に対して、機構は11月19日時点で6市町の337戸の農地所有者から364haを農用地利用集積計画により借り受けた（1戸平均1.1ha）。

マッチングしなかった借受希望者（受け手）は1年間リストに掲載され、次回のマッチングに回される。貸付希望者（出し手）については3年間リストに残り、マッチングする受け手を探すことになる。

（4）機構からの農地貸付

2014年12月には第1回目の「農用地利用配分計画」が打ち出され、農地中間管理機構から5市1町の受け手105経営体（うち農業法人は22）に対して361haの貸し付けを行うこととなった。こうした経営体の中には人・農地プランの中心経営体に位置づけられていないものもあるという。その場合、中心経営体に位置づけてもらうようお願いしているとのことである。

1経営体あたりの貸付面積は3.4haである。105経営体のうち、貸付面積が1ha未満が47％、1～3haが43％であって、全体の9割を占めている。貸付面積が10haを超える経営体は3つで、集落営農組織を法人化し、その際に機構を通じて農地集積を図ったものである。

J市の法人は機構を介して81戸から96haを、V市の2法人は57戸から64ha、38戸から61haを集積している。この3法人が機構から借り受けた面積は221haであり、第1回の利用配分計画で担い手に貸付けられた面積361haの61％を占めている。残り140haを102経営体が機構から借りたことになり、大規模法人への貸付けを差し引くと、平均貸付面積は1.4haにまで下がる。

現時点での機構による担い手への農地集積は、集落営農組織の法人化といった大規模法人経営の設立によって大きく動いているといえよう。

機構からの農地貸付けについては、2015年2月に第2回、4月に3回目の「配分計画」を予定しており、第1回よりも増える予定である（前掲表8-3）。

第8章　農地中間管理機構を活用した担い手への農地集積の現状と課題、方策

3．機構の取り組み課題

　機構発足時は出し手農家が殺到し、受け手が見つからないのではとの不安があったとのことであるが、現状は受け手が多く、出し手が少ないという状況である。機構はこれまで制度の普及活動を精力的に行ってきた。
　機構が業務を開始してすぐ5月に市町村担当者説明会、6月には市町村やJA職員を対象とした業務研修会を実施した。各市町村の説明会に計42回職員を派遣するとともに、認定農業者や農業法人等の説明会にも職員を派遣した。また市町村広報等での事業PRや農家向けのリーフレットの作成・配布などにより、制度の周知を行ってきた。
　ただし、説明会を実施しても、集まるのは受け手がほとんどで、農地の出し手の参加はみられないという。今後は農地の出し手に制度の理解を深めてもらうための情報周知を進めるなどして、出し手の掘り起こしが課題だとしている。

4．集落営農組織の法人化と面的集積

　Q市にあるH集落では、基盤整備を契機として、2014年7月に農事組合法人Hファームが設立された。活動実績はまだないが、2015年度中にはH集落の約8割の農地を、機構を通して借りる予定である。
　H集落は鳥海山麓に位置する中山間地域で、地下水位も高く、畑作物に不向きな農地が多かった。また、圃場は10aと小区画だった。集落の農地面積は76ha（水田71.4ha）で、6ha規模の農家が2戸いるが、残りは1ha前後の小規模兼業農家がほとんどという集落である。
　H集落では品目横断的経営安定対策をうけて、2007年に甲集落営農組合（30戸、32ha）と乙集落営農組合（24戸、34ha）が誕生した。集落には68戸の農家がおり、ほとんどがいずれかの集落営農組織に参加していた。組織化し

たといっても、機械の共同所有・利用の実績はなく、水稲のみを対象とし、構成員がそれぞれ持ち寄った農地を各自の機械を使って作業するという、いわゆる枝番管理の集落営農組織であった。

　5年以内の法人化要件をクリアするため、法人化を模索する中で、県営の「農地集積加速化基盤整備事業」を活用できないかということになり、2010年に基盤整備の要望書を出し、13年にようやく採択された。工事は2014年から始まり、面工事が完了するのは15年で、18年までにはすべてが完了する。この基盤整備によって集落内の圃場が50a区画以上になるという。

　基盤整備の農家負担は7.5％であるが、面的集積や法人化などの条件を達成すると県から促進費が支払われる。具体的には、法人への面的集積率が70％を超えた場合、7.5％分を県が負担するという支援措置により、農家負担は実質ゼロになる。そのため、H集落では法人を設立し、それへの農地集積を進めることを合意した。

　当初は2つあった集落営農組織をそれぞれ法人化することを考えたというが、「現在の農業情勢を考えると、より大規模な法人をつくった方がよいだろう」ということで、2014年7月に農事組合法人Hファームが設立された。構成員は11名で40〜50代と若い体制になっている。役員の5名は全員兼業農家であるが、ファームの経営スタート時には5人とも他産業従事をやめ、農業専従化する意向をもっている。

　集落営農組織の法人化を計画する中で、タイミングよく農地中間管理事業の話が出てきたため、同事業を活用することとした。Hファームでは59haを秋田県機構から借り受ける予定であり、ファームの経営面積は集落農地の約8割を占めることになる。

　地域集積協力金の受取額も1,700万円ほどになるとみている。この協力金は基盤整備を実施する際に設立した「H基盤整備推進協議会」が受け皿となり、協議会から全額法人に渡る方向で調整している。この協力金はミニライスセンターの設置や機械の購入に充てるとのことである。地域集積協力金は法人の初期投資に活用される見通しであり、担い手経営の安定に寄与するものと

第8章 農地中間管理機構を活用した担い手への農地集積の現状と課題、方策

考えられる。

　農地流動化や集落営農組織の法人化の契機は基盤整備事業であって、農地中間管理事業の話はうまくタイミングが重なったといえる。しかし、集落営農組織を法人化させる際に中間管理事業を活用することで、地域集積協力金を多く獲得でき、機械・施設の導入に活用されることで初期投資が軽減されるなど、メリットは大きい。

5．農地集積を促進するための課題

（1）機構集積協力金（地域集積協力金）の拡充

　秋田県では機構集積協力金の要望額が国の配分額を上回った場合、経営転換協力金や耕作者集積協力金を優先的に交付し、残額で地域集積協力金を交付するとした。そのため、県では地域集積協力金については地域ごとの優先順位を設定し、地域集積協力金に充てる配分額の範囲で優先順位の高い方から交付対象とした。

　具体的には、担い手不在の地域が機構に貸し出した場合は、担い手への農地集積面積が皆増するため最優先とした。つぎに、機構に貸し出した面積と、機構に貸し出す前に担い手が耕作していた面積とを比較し、増加ポイントが高いほど優先順位が高いというものである。さらに、この増加ポイントがゼロの地域は、地域集積協力金の配分額に余裕があっても交付対象からは外すとした[5]。したがって、担い手同士がすでに利用権設定されている農地を、機構を介して交換し連坦化したとしても、担い手の集積率に変化がないため、地域集積協力金はもらえないことになる。

　農地中間管理機構を介した流動化奨励に充てられる交付金については「現実の事業予算はひと桁足りない」と、予算不足が指摘されている[6]。担い手経営の安定にとって、地域集積協力金を活用できるかどうかは大きな問題である。国への追加予算要請など地域集積協力金の拡充が求められる。

（2）業務委託先の体制強化とJAとの連携

　業務委託先の働きが機構の実績をあげる上でも、また制度の目指す農地の集約化・連坦化を進める上でも決定的に重要であることは先にみた。とすれば、業務委託先の体制強化を充実させることが必要である。

　安藤（2014）は、農地中間管理機構が機能するには「現行の農地利用集積円滑化団体を活用するのが現実的である」と指摘している[7]。秋田県の25市町村のなかに農地利用集積円滑化団体は23あって、JAが11、市町村は10で、地域農業再生協議会、農業公社がそれぞれ1つである。秋田県では11市町村で円滑化団体の時より業務委託体制が弱くなっているとみられ、このうち6市町村にあっては円滑化団体の実績がないところが業務委託先になっている。とりわけJAが業務委託から外れることが多く、業務委託先にJAが関わっているのは7市町村で、4JA（15JA中）にとどまっている[8]。

　2013年度の秋田県の農地利用集積円滑化事業による利用権設定面積4,796haのうち99.6％までがJA円滑化団体を介したものであり、実績からすると業務委託体制の中にJAが含まれないことはもったいない。

　JAグループ秋田としては、機構からの業務委託契約は1年更新であることから、円滑化団体としての実績をもつJA（11JA）については、次年度以降の業務委託や市町村等との連携を図るべく、そのあり方について協議の場を設けるよう働きかける方針である。JAの関わりや役割が機構による農地集積を促進すると考えられ、機構としてもJAとの連携や協力を求めていくべきであろう。

（3）稲作所得を確保できるだけの政策支援

　最後に、担い手の経営安定を図るには米価の維持も不可欠であることを指摘して結びにかえたい。

　2014年産米の価格が大幅に下がり、秋田でも2014年9月に示された2014年産あきたこまちの概算金が前年産を3,000円も下回る8,500円になった。秋田

第8章　農地中間管理機構を活用した担い手への農地集積の現状と課題、方策

県は機構を活用して担い手の経営面積を、10年後をめどに1経営体あたり8ha（現在は6ha）にする目標を立てているが、平均経営面積が18haにも達し、圃場1区画が1.25haもあり、連坦化も進んでいる大潟村の農家でさえ米生産費は60kgあたり1万806円である[9]。農地を集積・連坦化できたとしても、米価が低い中では担い手経営の所得確保は難しいといわざるをえない。そればかりか、担い手の農地集積意欲が減退しかねない。稲作所得を確保できるだけの政策支援と、機構を通した農地の集約化とを車の両輪としつつ、それにプラスして米旦作化傾向の強い秋田県にあっては園芸作物の振興などによる収益確保の取り組みを定着させることが求められよう。

注
1）ここでいう担い手とは、認定農業者、特定農業団体、基本構想水準達成者、今後育成すべき農業者であり、2012年度の経営体数は認定農業者9,600、特定農業団体79、基本構想水準達成者78、今後育成すべき農業者6,747である。
2）農用地利用集積計画および農用地配分計画案の作成に必要となる添付書類の準備。
3）業務委託に関する全国の状況は、市町村への委託が68.7％、JAが19.1％、地域農業再生協議会や土地改良区などが8％、市町村農業公社が4％である（2014年9月末現在）
4）秋田県機構における貸付決定ルール（農用地利用配分計画の決定方法）は農林水産省が策定したモデルをそのまま踏襲したもので、県独自のルールがあるわけではない。
5）集落営農組織（任意組合）がこれまで特定作業受託で経営し、法人化によって利用権設定される場合は、担い手への新たな農地集積面積として取り扱うとした。
6）盛田清秀「土地利用型農業の構造変革―農地中間管理事業の位置づけと構造変革の展望―」『週刊農林』第2232号、農林出版社、2014年、p.7。
7）安藤光義「農地中間管理機構にみる政策策定過程の軋轢の構造」『農業と経済』2014年4月号臨時増刊号、第80巻第3号、p.47。
8）農業農村支援機構は鹿角市、小坂町、JAかづので構成され、市役所にワンフロア化されて設置されており、JA職員も駐在している。JAあきた北とJA秋田おばこは、農業再生協議会の一員として相談窓口やマッチング、現地確認に関与し、JA秋田ふるさとにあっては農業再生協議会の業務委託になっているが、実質はJAが中心となった受託で、JA事務所に横手市の職員が2名駐在してい

る。JAこまちは、2015年度から湯沢市の受託から農業再生協議会の受託になる見通しである。
9）大潟村・大潟村農業協同組合「八郎潟中央干拓地入植農家経営調査報告書（平成24年度大規模農家経営実態調査事業）」p.59による。

終章

東北水田稲作単作地帯（秋田）の農業再編

1．品目横断的経営安定対策と集落営農組織（第Ⅰ部まとめ）

　秋田県では比較的大きい自作地と高米価のもとで水稲を中心とした農業と、農閑期での出稼ぎ等の不安定な農外就業によって経営をつづけてきた。加えて、本家分家関係や結いを中心とする機械共同所有、あるいは機械作業を委託することで機械投資を抑え、農業所得を確保してきた。これにより、自作による農業所得の方が、農地の貸付よりも経済的に有利に作用したのである。その背景には、農外就業だけでは生活することができない中規模兼業農家層の分厚い形成もあった。東北・秋田において兼業農家が自作を継続してきたのは、こうした経済的条件のためである。東北において兼業農家が農業に固執するのは、多くは生活のためであって、兼業農家は「今や富農」[1]という認識は東北にには当てはまらない。

　こうした中で、秋田県では2006年以降に集落営農組織が急増した。そこには２つの背景があった。ひとつは当然ながら、2007年の品目横断的経営安定対策を契機とした集落営農の組織化であって、経営安定対策の受け皿づくりの意味合いが強かった。中規模農家が厚い層を形成しつつも４haに満たない農家が多く、同対策の対象から外れるのではないかという危機感があったのである。

　もうひとつの背景は、個別担い手の形成が進まない中で、個別担い手に替わる農地の受け皿として集落営農組織が期待されたのである。米価が好転する状況にはない中で、現在の経営主は高齢になる一方で、後継者世代は安定的勤務に従事し、農作業にはほとんど関わりをもっていなかった。農業後継者の確保も難しく、いずれ農地は貸し付けに向かうことが予想された。その

一方で、これを受け止める個別担い手を期待したくても、専業的農家であっても農業後継者の確保は容易ではなく、また米価が低いため地代負担をしてまで借地拡大するだけの経済的条件が整っていないことにより、規模拡大を志向する農家は認定農業者を含めて存在しなかった。

　つまり、土地、労働力条件、資本装備、米価状況のもとでは、自己完結的な経営の存続には困難が多い。また、個別に規模拡大できる経済的条件に乏しく、個別規模拡大志向農家も存在しない状況のもとで、離農者の農地の受け皿も必要になっている。そうした点を考慮すれば、政策的誘導が強く働いたことは否定しないが、集落営農の組織化を基軸とした構造再編は実態を反映した当然の帰結である。

　その結果、秋田県では集落営農組織が増加した。機械投資の節減を目的に作業受委託を織り交ぜながらも基本的には個別展開が中心であった農業から、集落営農という集団的大規模経営が成立したかにみえる。しかし、集落営農組織といっても、農業生産は個別対応が中心であって、品目横断的経営安定対策加入前の営農形態を踏襲したまま、経理事務のみを一元化した運営形態なのである。したがって、集団的土地利用、共同作業、栽培協定などの取り組みを基礎とした省力化やコストの低減にはつながっておらず、集落営農を組織したメリットがまだまだ発揮されていないところが少なくなかった。さらに転作対応として園芸作などの展開が弱いところが多かった。

　ただし、現状のままでいいわけではない。機械オペレーターの高齢化にともない、次世代オペレーターの再生産を図っていく上でも、集落営農組織の作業効率化や収益拡大が必要となってくるからである。これらへの対応としてまず集落営農組織が取り組むべきことは、土地利用型部門での作業効率化のための土地利用調整や、作付品種や肥料・農薬の種類や散布時期の統一、そこからの個々の経営地（所有地）にこだわらない作業順序・管理を目指すことで実質的な協業経営化を進め、低コスト化を徹底的に追求することである。そこからさらに、複合部門の導入による所得確保が目指すべき方向であった。

2．集落営農組織の展開と水田農業政策の転換（第Ⅱ部まとめ）

　品目横断的経営安定対策への対応としてつくられた集落営農組織の法人化がすすんでいる。そうした集落営農法人の経営分析から次の点が指摘される。第1に、集落営農組織が法人化することで、共同化の内実を伴う経営体へと展開している。法人化した集落営農組織は、オペレーターによる機械作業と、協業化に取り組んでおり、法人化を経て、枝番管理の「形式的な作業共同化」組織から、「実質的作業共同化」に取り組む形態へと展開している。また、法人化後、農地集積は一定程度進展しており、最近では農地中間管理事業を活用した農地集積がみられる。土地利用にも変化がみられ、複合部門の導入が進んでいる。

　第2に、法人の構成員のうち機械を所有する地権者は自ら水稲の基幹作業を行っており、また水稲の管理作業（草刈り・肥培管理など）に地権者が従事している組織が多い。法人に農地を貸し付けた構成員であっても、単なる土地持ち非農家ではないことが明らかである。その理由として、東北水田作経営だけが、家計費充足にとって農業所得が不可欠だからだと考えられる。農家所得は農業所得と農外所得、年金等収入で構成される。地域ブロック別に農家所得と家計費をみると、北海道は除外するとして、東北だけが農業所得がないと家計費を充足できない地域となっている（**図終-1**）。東北では、2013年度では農業所得が30万円以上ないと家計費水準に届かない。2013年度の秋田県平均の小作料は1万4,500円[2]であり、2ha以上の農地貸付でようやく家計費を充足できるようになる。表出はしていないが、2012年度だと、75万円以上が必要であり、地代のみでその差をうめるのは難しい。東北では、構成員が法人の作業に関わることをやめ、本当の意味での土地持ち非農家にはなりにくい条件にある。

　第3に、主たる従事者を絞り込んでも他産業並の所得水準には届かない。これは構成員の多くが作業に従事し、地代や管理料、構成員再委託などの料

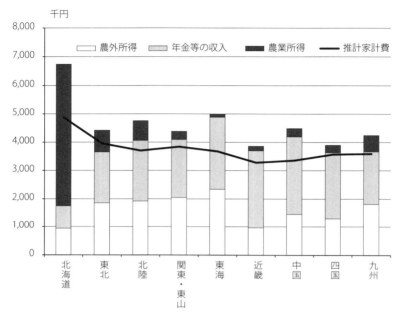

図終-1　2013年度農業地域別水田作経営の農家所得と家計費（推計）

資料：農林水産省『営農類型別経営統計（個別経営、第1分冊、水田作・畑作経営編）』
　　　2013年より作成
注：農業所得には農業生産関連事業所得を含む。

金水準を下げにくい状況にある。米価下落や米の直接支払い交付金の半減に対して、まずは機械更新の積立を減額する対応であり、構成員への地代・配当の維持が優先されていた。その結果、主たる従事者の収入は秋田県の他産業の年間給与360万円[3]と比較しても少ない。MSファーム（第6章）は主たる従事者が他産業並の所得を得ているが、それには法人化する際に、多くの構成員が土地持ち非農家化して法人にかかわらない状況になったからである。

　第4に、法人化した集落営農組織が農地の受け皿として一定程度機能していることである。農地流動化を促進させるための制度である農地中間管理事業では、取り組み初年度ではあるが、機構からの農地転貸面積の6割が3つの集落営農法人に対してであった。また農地中間管理事業は集落営農の法人

化や、直接に法人経営を設立する動きにつながっていた。農地中間管理機構の農地貸付先として集落営農法人の存在感が増している。

　しかし第5に、米価下落と補助金減額が法人経営に少なくない影響を与えることである。法人の決算書をみると、営業利益は赤字で、営業外収益である補助金を加えて経常利益がようやく黒字になっている。しかし、決算年度である2013年はあきたこまち（1等・60kg）のJA仮渡金が1万1,500円の時であり、翌14年には26％減の8,500円にまで引き下げられた。米価下落により2014年度は営業利益の赤字が増えたと予想される。こうした事態をうけて、B法人（第7章）は2015年に地代、労賃、水田管理料を大幅に下げる対応を行った。KY法人は構成員外からの借地の小作料を引き下げている。加えて2014年から米の直接支払交付金も半減されており、営業外収益も減ったと考えられる。補助金が減ることで経営基盤強化準備金の積立額の引き下げやとりやめの方針（第6章NHファーム、KY法人）であり、機械更新に不安が残る。他方でMSファーム（第6章）は2014年度から地代の引き下げに踏み切った。さらに、MSファームは米の直接支払交付金が廃止された場合、条件不利農地は引き受けない方針で、中山間地域での農地の維持管理にも支障をきたす可能性がある。

3．おわりに

　本書では2007年以降の秋田県農業を分析した。分析対象地域として東北・秋田をとりあげたのは、アベノミクス農政が取り組んでいる水田農業政策、とりわけ米政策の転換による影響が、稲作を基幹的作物とする東北、秋田においてより先鋭的に現れる地域だと考えたからである。

　東北では販売農家の74.1％は兼業農家である（2015年農業センサス）。東北は農外所得＋年金だけでは家計費を充足することができず、農業所得を加えてなんとか家計費水準を満たすことができるのであって、兼業農家であっても農業からの撤退は困難である。しかし、米価の下落とともに農業所得が

減少する一方で、農外所得についても近年は縮小傾向にある。農外所得が減少している背景には、「公共事業の削減による地方の中小土建業者の経営悪化や、誘致企業の事業所や工場の縮小・閉鎖」[4]が影響し、農外の雇用機会も減少している。秋田県においても、TDKの工場再編や秋田エルピーダメモリの経営破綻によって地域の雇用が相当程度失われている[5]。農村立地企業の後退・撤退が進むことで、農村部での農外雇用が弱くなっており、農業外部に雇用（所得）機会を求めにくくなっている。

　国の政策では農地流動化を推進し、農地と担い手の絞り込みで水田土地利用型農業の「競争力・体質強化」をはかること、すなわち農業経営の大規模化が強く要請されている。しかし、これまで農作業や農地を受けてきた担い手農家も高齢化しており、規模拡大を志向する農家もいなくはないが、労働力の保有状況を考えると集積にも限界がある。他方で、出し手側である兼業農家については、農外就業が厳しさを増す中で、家計費充足のために農業所得を確保していかざるをえない。それが今後の経営展開について現状維持という形で現れている。つまり、地域農業を構成する圧倒的多数の兼業農家が営農活動から後退することは、農家経済状況の点からそうたやすくはない。

　また、農家の世代交代については、経営主は高齢になる一方で、地域に後継者は一定程度存在するものの、農業にまったく従事していないか、従事していても従事日数が少なかった。後継者は恒常的勤務の他産業従事であって、後継者の農業専従化の可能性は他産業をリタイヤしてから先の話であって、決して高いとはいえない。

　こうした状況のもとでどのような方向が目指されるのか。今取り組まなければならないのは、担い手層だけにとどまらず、多くの農家が所得を確保できる仕組みづくりである。すなわち、農業内部での雇用機会の創出である。つまり、複合化や経営の多角化という展開が無視できない。複合化を目指していくとして、東北において集落営農の組織化を進めてきたのは大きな意味をもつ。土地利用型農業の効率化が複合的展開の前提だからである。機械の効率的利用によって土地利用型部門のコストを抑えた上で、労働力を複合化

終章　東北水田稲作単作地帯（秋田）の農業再編

なり多角化に投入する道筋が必要である。ただし、東北の集落営農組織は枝番管理組織が多かった[6]。そこで集落営農の組織化メリットを発揮できるような経営内容にもっていくための機能強化が求められたのである。

　そうした状況にあって、集落営農組織が法人化するところが増えている。法人化したことによって枝番管理型組織から、共同化の内実を伴う組織へと展開をみせている。さらに、経営規模の拡大も進む一方で、新たに園芸作の導入・定着を図り、その販売ルートも多様化するなど、複合的展開につながっていた。その複合部門については地域雇用の創出に一定の効果もみられた。集落営農法人では園芸作の拡充や新たな作物の導入などによる経営対応が目指されており、そのための支援や園芸作物の販路開拓支援などが今後はより一層求められると考える。

　また、経営収支をみると、営業収益の赤字を営業外収益でカバーし、経常収支を黒字化できている。さらに、農業経営基盤強化準備金を活用して機械の更新のための積み立てを行っているなど、経営安定化を図っていた。ただし、主たる従事者の所得は、一部組織を除いて、それのみで生計を立てられるレベルにはなかった。これは主たる従事者を絞り込むことが簡単ではないからである。秋田県では小規模農家・兼業農家であっても、農業からの所得が家計費の充足にとって決定的に重要である。法人に参加する農家は、法人からある程度の所得を得られなければ、参加しにくい。国が想定する、「特定の従事者に所得を集中する」法人化では、農業に関わりたくても、それができない人がでてくる。法人化した集落営農組織が地域を広くカバーするためには、農業に関わりたいと思う人がなるべく法人の作業に関わり、なおかつ、そこからある程度の農業所得を獲得できるような「希望者全員参加型集落営農法人」という方向が求められるのではないだろうか。

　最後に国の政策との関連についてふれておきたい。2012年の衆院選で圧勝した自民党は政権を奪還し、同年12月に第二次安倍内閣が発足した。安倍内閣が打ち出した経済政策は通称アベノミクスと呼ばれており、大胆な金融政策、機動的な財政政策、民間投資を喚起する成長戦略の3つの柱（3本の矢）

で構成されている。農業分野は、安倍政権の経済政策であるアベノミクスでは第三の矢である成長戦略に位置づけられている。アベノミクス農政による水田農業の構造改革は、中小兼業農家を排除し、農地を大規模法人経営に集積することで、海外とのコスト競争でも負けない低コスト稲作を実現することである。すなわち、対象を限定した経営安定対策や生産調整の廃止、米の所得補償金の減額・廃止、TPPによるMA米の増加等で米価下落を誘導すれば、採算の合わない小規模農家が離農するという目論見である。「第2次安倍政権が発足した2012年以来、米価（全農や農協経済連など米出荷業者と卸売業者間の相対取引契約価格）は下落傾向を強め」、政権発足時の2012年10月では玄米60kg当たり1万5,752円だったものから、2015年4月には1万1,038円へと30％（4,700円）も下落しているのである[7]。「生産者米価の乱高下は、兼業自家飯米農家よりも、アベノミクスが期待する大型法人経営にこそ展望を失わせるものである」[8]ので、米価下落は集落営農組織にとって影響は大きいであろう。さらに、米の直接支払い交付金の減額（2014年産から7500円に半減）、さらには廃止（18年産で廃止）となる影響も小さくはない。地代支払いや構成員への配当を維持しようとすれば、経営基盤強化準備金を減らすことにつながり、今後の機械更新に支障をきたす恐れがある。また、米の直接支払い交付金が農地集積の条件になっている面もあり、それが廃止されることで構造変動を減速させることも考えられる。

　集落営農法人に農地を集積・連坦化できたとしても、米価が低い中では法人経営体の所得確保は難しいといわざるをえない。そればかりか、法人経営体の農地集積意欲が減退しかねない。こうした経営体が稲作所得を確保できるだけの政策支援が求められるとともに、米単作化傾向の強い秋田県にあっては園芸作物の振興などによる収益確保の取り組みを定着させることが重要ではないだろうか。

注
1）山下一仁『農協の大罪』宝島社新書、2009年、p.185。

終章　東北水田稲作単作地帯（秋田）の農業再編

2）農林水産省「農地の権利移動・借地等調査平成25年度」による。
3）厚生労働省大臣官房統計情報部「平成25年版毎月勤労統計要覧」の秋田県の事業所5人以上の調査産業計の一般労働者の月額現金給与総額を12で乗じた数値。
4）中村勝則・角日毅「東北平場水田地帯における土地利用と担い手の新たな展開」農業問題研究学会編『土地の所有と利用』筑波書房、2008年、p.101。
5）秋田さきがけ新聞2012年12月26日付。
6）東北では集落営農組織の6割以上、九州にあっては7割以上が形式的な組織化であるとされている（荒井聡「水田経営所得安定対策による集落営農組織の再編と法人化」（財）農政調査委員会、2010年）。
7）村田武『日本農業の危機と再生』かもがわ出版、2015年、p.62。
8）村田武『日本農業の危機と再生』かもがわ出版、2015年、p.5。

引用・参考文献（50音順）

安藤光義『北関東農業の構造』筑波書房、2005年
安藤光義「農業脆弱化の深化か、構造再編の進展か 2010農林業センサスを読む」『経済』第189号、新日本出版社、2011年
安藤光義編著『農業構造変動の地域分析―2010年センサス分析と地域の実態調査―』農文協、2012年
安藤光義「農地中間管理機構にみる政策策定過程の軋轢の構造」『農業と経済』2014年4月号臨時増刊号第80巻第3号、2014年
安藤光義「農地集積に農協が果たす役割―農地中間管理機構との関係」『農業と経済』7・8合併号、昭和堂、2014年a
安藤光義「農地中間管理機構は機能するか―課題と展望―」『JC総研レポート』VOL.30、JC総研、2014年b
安藤光義「集落営農に対する経営所得安定対策の役割」『農業と経済』第82巻第1号、昭和堂、2016年
荒井聡『日本の農業―あすへの歩み―第243集 水田経営所得安定対策による集落営農組織の再編と法人化―兼業深化平坦地域・岐阜県海津市の事例を中心に―』農政調査委員会、2010年
荒幡克己「米の生産調整の経済分析」農林統計協会、2012年
石黒重明、川口諿編『日本農業の構造と展開方向』農業総合研究所、1984年
磯田宏「新たな施策の評価と水田農業の影響」『農業経済論集』第57巻第1号、九州農業経済学会、2006年
磯田宏「TPP参加は日本農業の構造強化に資するか」『農業と経済』2013年10月号、昭和堂、2013年
稲垣照哉「動き出す『農地中間管理機構』構想の論点」『農業と経済』2013.12臨時増刊号、昭和堂、2013年
李侖美「JAによる法人化支援の諸相」『農業と経済』第80巻第6号、昭和堂、2014年
宇佐美繁「東北農業の現段階」東北農業研究会編『東北農業・農村の諸相』御茶の水書房、1987年
梅本雅「農業における法人化の意義と機能」『農業と経済』2014年6月号、昭和堂、2014年
梶井功『新基本法と日本農業』家の光協会、2000年3月
上場重俊「農地中間管理事業2法案の修正と付帯決議の意味するもの」『土地と農業』No.44、全国農地保有合理化協会、2014年
河相一成・宇佐美繁編著『みちのくからの農業再構成』日本経済評論社、1985年
金子いづみ『日本の農業―あすへの歩み―第238集 集落営農の労働力構成』農政調査委員会、2006年

北出俊昭『食料・農業の崩壊と再生』筑波書房、2009年
九州農業経済学会編『国際化時代の九州農業』九州大学出版会、1994年
小林恒夫『営農集団の展開と構造』九州大学出版会、2005年
小林元『日本の農業―あすへの歩み―第240集　集落型農業生産法人の組織的性格と課題―「労働参加形態」からみた組織的性格―』農政調査委員会、2007年
小針美和「動き出す農地中間管理機構と現場からの示唆」『農林金融』2014.6、農林中央金庫、2014年
小針美和「農地中間管理機構の創設と生産現場に求められるもの」『生活協同組合研究』2014年
座談会「農地中間管理機構のねらいと課題」『農村と都市をむすぶ』2014年
佐藤加寿子「農業者戸別所得補償制度をめぐる水田地帯の実態―秋田県潟上市の事例から」『レファレンス61（10）』国立国会図書館調査及び立法考査局、2011年
佐藤加寿子「東北水田農業の与件変化」平成24年度日本農業経営学会研究大会、個別報告論文、2012
佐藤加寿子「秋田県が直面している事態と園芸メガ団地育成事業」農業農協問題研究所東北支部共催現地研究会・視察資料、2016年
澤田守「東北地域における水田農業ビジョン実現に向けた対応と課題　第1節はじめに」関野幸二・梅本雅・平野信之編著『制度変革下における水田農業の展開と課題』農林統計協会、2009年
第43回東北農業経済学会岩手実行委員会『集落営農組織の現状と展開方向―岩手県における集落営農組織の調査分析を中心として―』第43回東北農業経済学岩手大会報告書、2008年
高橋明広「集落営農と地域農業座長解題」農業問題研究学会編『農業問題研究』第45巻第2号、筑波書房、2014年
田代洋一編『日本農業の主体形成』筑波書房、2004年
田代洋一『地域農業の担い手群像』農文協、2011年
田代洋一『反TPPの農業再建論』、筑波書房、2011年
田代洋一編著『TPP問題の新局面』大月書店、2012年
田代洋一『戦後レジームからの脱却農政』筑波書房、2014年a
田代洋一「法人化推進政策の功罪」『農業と経済』2014年6月号、昭和堂、2014年b
田畑保「21世紀初頭における日本農業の構造変動の歴史的位相―2010年農林業センサス結果から考える―」『明治大学農学部研究報告』第62巻第4号、2013年
谷口信和「日本農業の担い手問題の諸相と品目横断的経営安定対策」『日本農業年報53　農業構造改革の現段階』農林統計協会、2007年
谷口信和「アベノミクス農政とTPP交渉に翻弄された基本計画の悲劇」『日本農業年報62　基本計画は農政改革とTPPにどう立ち向かうのか』農林統計協会、2016年
谷本一志「農地中間管理機構の事業構想と課題」『農業および園芸』第89巻第9号、

養賢堂、2014年
椿真一「集落営農の法人化で地域農業を守る」『農地ふぁーむらんど』2009年No.49、(社)全国農地保有合理化協会、2009年
椿真一・佐藤加寿子「秋田県における「水田経営所得安定対策」への対応と担い手の組織化―県南地域の事例を中心として―」『土地と農業』No39、全国農地保有合理化協会、2009年
椿真一『集落型経営体の法人化促進に向けたモデル経営体調査報告書』秋田県農業協同組合中央会、2010年
椿真一「東北水田農業の構造再編の特徴と課題」佐藤了・板橋衛・高武孝充・村田武編著『水田農業と期待される農政転換』筑波書房、2010年
椿真一「水田・畑作経営所得安定対策が東北水田単作地帯に与える影響―個別的土地利用から集団的土地利用へ―」東北農業経済学会『農村経済研究』第29巻第2号、2011年
椿真一「東北の兼業深化地帯における水田農業の担い手」荒井聡・今井健・小池恒男・竹谷裕之編著『集落営農の再編と水田農業の担い手』筑波書房、2011年
椿真一「戸別所得補償モデル対策下における水田農業の構造再編」農業問題研究学会編集『農業問題研究』第43巻第2号、筑波書房、2012年
椿真一「農地中間管理機構を活用した担い手への農地集積の現状と課題、方策」『農政調査時報』2015春No.573、全国農業会議所、2015年
椿真一「東北における政策対応型集落営農組織の展開と農地集積」東北農業経済学会『農村経済研究』第33巻第2号、2015年
椿真一「新たな農業政策下におけるJAの担い手経営体育成・経営支援等に関する研究」全国農業協同組合中央会編『協同組合奨励研究報告第四十二輯』家の光出版総合サービス、2017年
椿真一「東北における水田農業の担い手形成と展開条件―秋田県の集落営農法人の事例分析を通じて―」農業問題研究学会編集『農業問題研究』第48巻第1号、筑波書房、2017年
東北農業研究会編『東北農業・農村の諸相』御茶の水書房、1987年
豊田隆「経営複合化と土地管理主体」東北農業研究会編『東北農業・農村の諸相』御茶の水書房、1987年
中村勝則・角田毅「東北平場水田地帯における土地利用と担い手の新たな展開」農業問題研究学会編『土地の所有と利用』筑波書房、2008年
中村勝則分担執筆「東北水田農業の構造変動―急激な農家数減少の内実―」安藤光義編著『農業構造変動の地域分析―2010年センサス分析と地域の実態調査―』農文協、2012年
中村勝則「東北における集落営農の現段階と地域農業―秋田県平坦水田地帯の動向から―」農業問題研究学会編『農業問題研究』第45巻第2号、筑波書房、

2014年
西川邦夫「品目横断的経営安定対策と集落営農—『政策対応的』集落営農の実態と課題」『日本の農業あすへの歩み245』農政調査委員会、2010年
西田周作、吉田寛一共編『東北農業　技術と経営の統合分析』農山漁村文化協会、1981年
農業問題研究学会編『土地の所有と利用　地域営農と農地の所有・利用の現時点』筑波書房、2008年
農林水産省編『平成24年版食料・農業・農村白書』農林統計協会、2012年
野川観清「農地中間管理事業の仕組みについて」『月刊NOSAI』2014年4月号
野中章久「東北地域における水田農業ビジョン実現に向けた対応と課題　第2節東北地域における農外就業の特徴と岩手県H地域の兼業条件」関野幸二・梅本雅・平野信之編著『制度変革下における水田農業の展開と課題』農林統計協会、2009年
橋詰登「2010年農業センサス（概数値）にみる構造変化の特徴と地域性」『農村と都市をむすぶ』No713、農村と都市をむすぶ編集部、2011年
橋詰登「集落営農展開下の農業構造と担い手形成の地域性—2010年農業センサスの分析から」安藤光義編著『農業構造変動の地域分析—2010年センサス分析と地域の実態調査—』農文協、2012年
橋詰登「近年の農業構造変化の特徴と展開方向—2010年センサスの分析から—」農業問題研究学会編集『農業問題研究』第44巻第2号、筑波書房、2013年
東山寛「東北地域における複合型集落営農の新展開」矢口芳生編集代表・平野信之編著「東日本穀倉地帯の共生農業システム」農林統計協会、2006年
東山寛「農業・農地の継承と［担い手］問題」『経済』第190号、新日本出版社、2011年
平野信之編著『東日本穀倉地帯の共生農業システム』農林統計協会、2006年
細山隆夫・東山寛「地域労働市場の動向と農業構造—東北・北陸」『東日本穀倉地帯の共生農業システム』農林統計協会、2006年
村田武『日本農業の危機と再生』かもがわ出版、2015年
盛田清秀「土地利用型農業の構造変化—農地中間管理事業の位置づけと構造変革の展望—」『週刊農林』第2232号、農林出版社、2014年
山下一仁『農協の大罪』宝島社新書、2009年
吉田健一「農地整備事業と農地中間管理機構について」『土地改良』285、土地改良建設協会、2014年
渡部岳陽・中村勝則「品目横断的経営安定対策下における集落営農組織化の現状と課題」『東北農業経済研究』第26巻第2号、東北農業経済学会、2008年
渡部岳陽分担執筆「東北水田農業の構造変動—急激な農家数減少の内実—」安藤光義編著『農業構造変動の地域分析—2010年センサス分析と地域の実態調査—』農文協、2012年

あとがき

　本書は、著者が秋田県立大学に在籍した2007年からの10年間に執筆した著書・論文・報告書のうち、集落営農組織に関係するものをまとめたものである。本書のもととなった初出の論文等を以下にあげておく。また、本書を取りまとめるにあたって、第7章は「平成26年度JA研究奨励費助成事業」、序章、第8章と終章はJSPS科研費16K07905「公的機関の農地利用調整が農地流動化を促進する条件に関する研究」（研究代表者：椿真一）の成果に依拠した。

　序章：書き下ろし
　第1章：「秋田県における水田経営所得安定対策への対応と担い手の組織化－県南地域の事例を中心として－」（『土地と農業』No39、（財）全国農地保有合理化協会、2009年）の第1節、第2節、第3節
　第2章：「平成21年度集落型経営体の法人化促進に向けたモデル経営体調査報告」（『集落型経営体の法人化促進に向けたモデル経営体の調査報告書』秋田県農業協同組合中央会、2010年）、「持続可能な農業と地域営農ビジョンづくりの方向性」（『JA農業協同組合経営実務2012年増刊号』全国共同出版株式会社、2012年）、「秋田県における集落営農組織の法人化支援にむけて」（『集落型経営体の法人化促進に向けたモデル経営体の調査報告書』秋田県農業協同組合中央会、2012年）を再構成した。
　第3章：「東北の兼業深化地帯における水田農業の担い手」（荒井聡編著『集落営農の再編と水田農業の担い手』筑波書房、2011年）、「秋田県における水田経営所得安定対策への対応と担い手の組織化－県南地域の事例として－」（『土地と農業』No39、（財）全国農地保有合理化協会、2009年）を再構成した。
　第4章：「東北水田農業の構造再編の特徴と課題」（佐藤了・板橋衛・高武

孝充・村田武編著『水田農業と期待される農政転換』筑波書房、2010年)、「水田・畑作経営所得安定対策が東北水田単作地帯に与える影響－個別的土地利用から集団的土地利用へ－」(『農村経済研究』第29巻第2号、東北農業経済学会、2011年) を再構成した。

　第5章:「戸別所得補償モデル対策下における水田農業の構造再編」(『農業問題研究』第43巻第2号、農業問題研究学会、2012年)

　第6章:「東北における政策対応型集落営農組織の展開と農地集積」(『農村経済研究』第33巻第2号、東北農業経済学会、2015年)、「東北における水田農業の担い手形成と展開条件－秋田県の集落営農法人の事例分析を通じて－」(『農業問題研究』第48巻第1号、農業問題研究学会、2017年) を再構成した。

　第7章:「新たな農業政策下におけるJAの担い手経営体育成・経営支援等に関する研究」(『協同組合奨励研究報告第四十二輯』家の光出版総合サービス、2017年)

　第8章:「農地中間管理機構を活用した担い手への農地集積の現状と課題、方策」(『農政調査時報』2015春No.573、全国農業会議所、2015年)

　終章:書き下ろし

　本書の執筆までには、多くの方々よりご支援をいただいた。
　著者は1994年に九州大学農学部に入学し、2年生の後期に農政経済学科に配属された。3年生の後期からは農政学研究室に所属し、農業経済学の基礎を学んだ。農政学研究室分属当初は安部淳先生お一人しかおられなかったが、すぐに佐藤加寿子先生が助手としてメンバーに加わり、1998年には村田武先生も金沢大学より着任されて、3名体制でご指導をいただいた。
　1999年に九州大学大学院生物資源環境科学科修士課程に進学してからは、農業・食糧政策の転換のもとでの農業構造の変化の実態把握、その理論的位置づけ、それが地域農業に及ぼす影響について北部九州水田農業地帯を対象に研究してきた。修士論文は「新基本法下における水田農業と営農集団」で

あり、集落営農組織を対象としたものであった。これ以降、集落営農組織を対象とする研究を続けていくことになる。修士論文の実態調査では、故梅木利巳先生（当時九州国際大学教授）、村田武先生（当時九州大学教授）、安部淳先生（当時九州大学助教授）、平川一郎先生（当時九州東海大学教授）、木村努先生（当時西九州大学教授）、白武義治先生（当時佐賀大学教授）、小林恒夫先生（当時佐賀大学教授）、磯田宏先生（当時佐賀大学助教授）、佐藤宣子先生（当時九州大学助教授）、佐藤加寿子先生（当時九州大学助手）、山口和宏氏（当時九州大学大学院生）に調査員として参加していただいた。これほどのメンバーが一堂に会した実態調査は著者のこれまでの研究人生において後にも先にもこの時しかない。たいへん心強いものであった。この時の調査がもとになった修士論文は故辻雅男先生（当時農業経営学研究室・教授）から「これは農業経営学の論文だ」との評価をいただき嬉しかった。何度も現場に通い、経営調査を積み重ねたことが評価されたように感じた。

　2001年に九州大学大学院生物資源環境科学府博士後期課程に進学してからは、集落営農組織の事例を積み上げることに注力した。とくに現地でお世話になったのは、久留米市八丁島受託組合の井上芳男氏（当時取締役）である。ご多忙のさなか、ヒアリングにご対応いただけただけでなく、受託組合員の経営調査のセッティングをしていただいた。この調査結果は、「水田農業における農業生産法人の組織構造と発展形態」『東畑四郎記念研究奨励事業報告30』(財)農政調査委員会、2005年に収録され、九州農業経済学会（現食農資源経済学会）から『奨励賞』(2006年)を受賞することができた。たいへん名誉なことであった。学会賞にご推薦いただいた木村努先生、ならびに選考委員会の皆様に厚くお礼申し上げたい。

　また、学生時代に現地にお世話になったのは調査だけではない。井田磯弘氏（元福岡県稲作経営者協議会会長）には、毎年稲の箱苗づくりと田植えにアルバイトとして参加させていただき、大規模稲作経営の実態を、身をもって体験することができた。

　2004年に「水田農業における生産組織の重層的展開と地域農業に関する研

究」で博士号を取得することができた。学位論文の審査の労をとってくださった九州大学大学院農学研究院の村田武先生（現愛媛大学アカデミックアドバイザー）、甲斐諭先生（現中村学園大学学長）、磯田宏先生（現九州大学准教授）には厚く御礼申し上げる。

　九州大学大学院農学研究院農政学研究室では農業経済学の理論と研究方法を教えていただいた。村田武先生、安部淳先生（元岐阜大学応用生物科学部教授）、磯田宏先生、佐藤加寿子先生には、農業政策分析を法制度論にとどめず、地域農業というフィールドに密着した調査活動から進めるという研究手法をご指導いただいた。調査票づくりをはじめ農家調査の基礎からご指導いただき、農林水産省の構造改善基礎調査に参加させていただくなど、実態調査の経験も多く積ませていただいた。なお、悉皆調査を基礎とした研究方法は、小林恒夫先生（当時佐賀大学教授）に学ぶところが大きかった。

　学位を取得した後、1年と1ヶ月のオーバードクターを経て、2005年5月からは唐津市にある佐賀大学海浜台地生物環境研究センターに研究員の職を得た。同センターの小林恒夫先生にはゼミ学生の指導法を教わるとともに、農村調査への同行を許された。この研究員のポストは2年間の任期付きであったため新たな職を探す必要があったが、秋田県立大学の教員公募にあたっては、ご多忙ななか小林恒夫先生と磯田宏先生に推薦状を書いていただいた。お二人のお力添えのおかげで、2007年4月から秋田県立大学生物資源科学部アグリビジネス学科の助教となることができた。

　秋田県立大学では佐藤了先生（元秋田県立大学生物資源科学部教授）を中心に、社会科学系教員が充実しており、折に触れて開催された社系研究会は論文をブラッシュアップするよい機会であった。また、共同研究や合同調査も数多く、現地の事例から学ぶ機会も多かった。さらに、中村勝則先生、渡部岳陽先生、李侖美先生（現岐阜大学准教授）といったほぼ同年齢の若手研究者が多かったこともよい刺激となった。このような機会に恵まれたことが本書をとりまとめるにあたり、大いに参考になっている。秋田県立大学の社会科学系教員のみなさまには厚くお礼申し上げたい。

あとがき

　また、2008年から4年間、農林水産省の農林水産政策研究所において客員研究員を委嘱され、プロジェクト研究（「集落営農組織の構造と発展の課題」「経営安定対策・戸別所得補償が水田地帯に及ぼす影響」）に参加させていただいた。研究会のみならず、共同現地調査にも数多く参加させていただき、調査手法を学ぶことができたこと、ならびにより多くの農村の現場を知ることができた。小野智昭氏をはじめ、吉田行郷氏、橋詰登氏、平林光幸氏の農林水産政策研究所の方々にはたいへんお世話になった。さらに、このプロジェクト研究に参加されていた荒井聡先生（当時岐阜大学教授）には、2009年に岐阜県下の集落営農組織の経営実態調査に関する共同研究に、安藤光義先生（当時東京大学准教授）には、2013年に農地の利用集積の取り組み実態に関する共同研究にお誘いいただいた。

　さて、本書で取り上げた事例のほとんどは、秋田県農業協同組合中央会担い手対策室からの委託を受けて行った現地調査をもとにした研究である。2008年から4年間は「集落型経営体の法人化促進に向けたモデル経営体調査」として、県内15JA中10JAの10集落営農組織を訪問し、構成員の悉皆調査をすることができた。また2013年から2年間は、「新農政下における担い手経営体育成・経営支援等に関する調査・研究」として、前述の「集落型経営体の法人化促進に向けたモデル経営体等指導・支援事業」により法人化した9つの集落営農組織の経営調査することができた。福岡県出身の著者が秋田県立大学への着任早々に、秋田県内を広く調査することができたのは、秋田県農業協同組合中央会からこのような貴重な機会をいただいたことによる。担い手対策室の高橋明彦室長（当時）、梅川東志郎室長（現）、高橋幸毅氏、杉渕忠彦氏（当時）など、対策室のみなさまには深く感謝申し上げたい。このつながりをつくってくださったのが、元福岡県農業協同組合中央会農政営農部長である髙武孝充氏であった。髙武部長には著者が大学院生の時からご指導いただくとともに、福岡県内のいくつもの事例を紹介していただいた。

　本書の分析の軸となる集落営農組織の構成員悉皆調査は、佐藤加寿子先生（現秋田県立大学准教授）のご協力なしには実施することが困難であった。

またそれ以上に、佐藤先生には論文作成の際に的確なアドバイスをいつもいただいた。

　本書の第4章に再構成の上で収録されている研究論文「水田・畑作経営所得安定対策が東北水田単作地帯に与える影響－個別的土地利用から集団的土地利用へ－」（『農村経済研究』第29巻第2号、東北農業経済学会、2011年）に対して、秋田県立大学在籍中の2012年8月に、東北農業経済学会木下賞（学会誌賞）をいただくことができ光栄であった。

　これまでの約20年の研究者生活のなかで、お名前を上げさせていただいた先生方をはじめ、数えきれぬ方々のご指導・ご支援をいただいた。ここに心より御礼申し上げたい。

　さて、著者は2016年10月に秋田県立大学から愛媛大学に異動した。2007年4月に秋田県立大学助教に着任してからの10年間は、5年任期の再任1回という雇用条件のもとにあった。准教授に昇格するにも、他大学に採用されるにも研究業績の積み上げが求められ、そのことが本書に取りまとめた研究論文に結実した。

　本書の出版にご理解とご協力をいただいた筑波書房の鶴見治彦社長には心よりお礼申し上げます。

　最後に、これまで研究を続けることができたのは両親の支えがあったからである。苦労して大学院まで進学させてくれた父・信彦、母・絹枝に深く感謝したい。

2017年5月

椿　真一

著者紹介

椿　真一（つばき　しんいち）

愛媛大学農学部准教授

1974年福岡県生まれ。1999年九州大学農学部卒業。2004年九州大学大学院農学研究科博士課程後期修了後、佐賀大学海浜大地生物環境研究センター研究員、秋田県立大学生物資源科学部助教を経て現在に至る。博士（農学）

主要著書
『新たな基本計画と水田農業の展望・北部九州水田農業と構造改革農政』（共著）筑波書房、2006年
『西日本複合地帯の共生農業システム』（共著）農林統計協会、2009年
『水田農業と期待される農政転換』（共著）筑波書房、2010年
『集落営農の再編と水田農業の担い手』（共著）筑波書房、2011年

東北水田農業の新たな展開
―秋田県の水田農業と集落営農―

2017年7月28日　第1版第1刷発行

　　　　著　者　椿　真一
　　　　発行者　鶴見　治彦
　　　　発行所　筑波書房
　　　　　　　　東京都新宿区神楽坂2－19 銀鈴会館
　　　　　　　　〒162－0825
　　　　　　　　電話03（3267）8599
　　　　　　　　郵便振替00150－3－39715
　　　　　　　　http://www.tsukuba-shobo.co.jp

定価はカバーに表示してあります

印刷／製本　平河工業社
©2017 Shinichi Tsubaki Printed in Japan
ISBN978-4-8119-0514-3 C3061